Hussein Sabbah

Fonctionnalisation de la surface de couches minces de carbone amorphe

Hussein Sabbah

Fonctionnalisation de la surface de couches minces de carbone amorphe

Etude XPS du greffage covalent de monocouches de molécules organiques à la surface de couches minces de carbone amorphe

Presses Académiques Francophones

Impressum / Mentions légales
Bibliografische Information der Deutschen Nationalbibliothek: Die Deutsche
Nationalbibliothek verzeichnet diese Publikation in der Deutschen Nationalbibliografie;
detaillierte bibliografische Daten sind im Internet über http://dnb.d-nb.de abrufbar.
Alle in diesem Buch genannten Marken und Produktnamen unterliegen warenzeichen-,
marken- oder patentrechtlichem Schutz bzw. sind Warenzeichen oder eingetragene
Warenzeichen der jeweiligen Inhaber. Die Wiedergabe von Marken, Produktnamen,
Gebrauchsnamen, Handelsnamen, Warenbezeichnungen u.s.w. in diesem Werk berechtigt
auch ohne besondere Kennzeichnung nicht zu der Annahme, dass solche Namen im Sinne
der Warenzeichen- und Markenschutzgesetzgebung als frei zu betrachten wären und
daher von jedermann benutzt werden dürften.

Information bibliographique publiée par la Deutsche Nationalbibliothek: La Deutsche
Nationalbibliothek inscrit cette publication à la Deutsche Nationalbibliografie; des
données bibliographiques détaillées sont disponibles sur internet à l'adresse http://dnb.d-
nb.de.
Toutes marques et noms de produits mentionnés dans ce livre demeurent sous la
protection des marques, des marques déposées et des brevets, et sont des marques ou des
marques déposées de leurs détenteurs respectifs. L'utilisation des marques, noms de
produits, noms communs, noms commerciaux, descriptions de produits, etc, même sans
qu'ils soient mentionnés de façon particulière dans ce livre ne signifie en aucune façon que
ces noms peuvent être utilisés sans restriction à l'égard de la législation pour la protection
des marques et des marques déposées et pourraient donc être utilisés par quiconque.

Coverbild / Photo de couverture: www.ingimage.com

Verlag / Editeur:
Presses Académiques Francophones
ist ein Imprint der / est une marque déposée de
AV Akademikerverlag GmbH & Co. KG
Heinrich-Böcking-Str. 6-8, 66121 Saarbrücken, Deutschland / Allemagne
Email: info@presses-academiques.com

Herstellung: siehe letzte Seite /
Impression: voir la dernière page
ISBN: 978-3-8381-7988-9

To my ever supportive, always
faithful and loving wife Samah Fadel

Remerciements

Ce travail a été effectué à l'Institut de Physique de Rennes, Université de Rennes 1, sous la direction de Madame le Professeur **Francine SOLAL** et de Monsieur **Christian GODET**, Directeur de Recherches au CNRS. Je tiens à leur exprimer ma reconnaissance pour m'avoir accueilli dans leur équipe. Je leur dois d'avoir défini le sujet de cette thèse, et d'en avoir orienté les travaux par leurs fructueux conseils. J'admire leur exceptionnelle capacité de travail et leur rigueur scientifique.

Je remercie très sincèrement Madame **Anne RENAULT**, Directrice de Recherches au CNRS et Directrice de l'Institut de Physique de Rennes UMR CNRS 6251, Monsieur le Professeur **Guy JEZEQUEL**, Directeur du Laboratoire de Physique des Atomes, Lasers, Molécules et Surfaces PALMS UMR 6627, de m'avoir accueilli dans leurs laboratoires.

J'adresse mes plus vifs remerciements à Madame **Maryline GUILLOUX-VIRY**, Professeur à l'Université de Rennes 1, qui m'a fait l'honneur de présider mon jury de thèse.

J'exprime ma très sincère reconnaissance à Monsieur **Rabah BOUKHERROUB**, Directeur de Recherches au CNRS et Directeur de l'équipe Interdisciplinary Research Institute(IEMN), et à Monsieur **Christophe DONNET**, Professeur à l'Université de St-Etienne, pour avoir accepté de juger cette thèse.

Je remercie chaleureusement Monsieur **Bruno FABRE**, Chargé de Recherches au CNRS, au laboratoire Sciences Chimiques de Rennes, d'avoir accepté de participer à mon jury de thèse et d'avoir permis le développement d'une fructueuse collaboration entre nos deux laboratoires.

J'ai eu l'immense plaisir d'avoir travaillé, pendant trois ans, avec Madame **Soraya-ABABOU GIRARD,** Maître de Conférences à L'Université de Rennes 1, avec qui j'ai beaucoup appris surtout au niveau de l'aspect théorique de la spectroscopie de photoélectrons. Elle a su me faire bénéficier de son expérience et des ses compétences tout au long de mon travail expérimental. *J'ai beaucoup apprécié la gentillesse dont elle a fait preuve à mon égard.*

Je tiens à remercier tout particulièrement Monsieur **André PERRIN**, Directeur de Recherches au CNRS, Madame **Stéphanie DEPUTIER**, Maître de Conférence, et Madame **Maryline GUILLOUX-VIRY** pour la collaboration très agréable qui s'est développée entre nos deux laboratoires, ainsi que pour les discussions scientifiques très enrichissantes que nous avons pu avoir.

Je remercie grandement Monsieur le Professeur **Kacem ZELLAMA**, de l'Université d'Amiens, pour nous avoir fournis les couches minces de carbone amorphe déposées par pulvérisation au sein de son laboratoire.

Je remercie sincèrement Monsieur le Professeur **Olivier DURAND**, de l'Institut National des Sciences Appliquées (INSA) de Rennes, qui nous a fourni des informations détaillées sur la technique de Réflectométrie des rayons X et sur la méthode de calcul, ainsi qu'une méthode d'analyse des mesures XRR.

Mes remerciements vont également à :

> ➢ Monsieur J. LE LANNIC du CMEBA de l'Université de Rennes 1, qui a apporté toute sa compétence à la caractérisation des mes échantillons par microscopie électronique à balayage.

> ➢ Monsieur le Professeur Antoine Kahn et ses collègues, de l'Université de Princeton, qui ont caractérisé par photoémission UV et photoémission inverse nos échantillons de Silicium.

➤ Monsieur Arnaud LE POTTIER, pour sa disponibilité et le temps qu'il a consacré à la réalisation du dispositif expérimental de greffage sous ultravide.

➤ L'ensemble des techniciens du laboratoire pour leurs disponibilités et leur aide précieuse.

Enfin, je voudrais remercier vivement mes collègues et mes amis de l'Institut de Physique de Rennes et toutes les personnes qui m'ont aidé durant ces trois années de thèse.

Chapitre IV: Fonctionnalisation du Si (111) par une monocouche organique : état de l'art

Chapitre I: Introduction

I.1 Introduction générale

De façon générale, les bio-capteurs sont des dispositifs qui permettent de mesurer l'interaction entre une "molécule-cible" (en phase liquide ou en phase vapeur) que l'on cherche à détecter de façon quantitative et une "molécule-sonde" immobilisée sur un substrat. La sélectivité de la détection repose essentiellement sur une pixellisation de la surface et sur le choix de molécules-sonde appropriées. La détection électronique de l'interaction (bio-capteurs *ampérométriques* ou *potentiométriques*) présente des avantages en termes de coût et de rapidité de mesure par rapport à la détection optique actuellement utilisée (par exemple, imagerie à l'aide de nano-marqueurs fluorescents attachés à la molécule-cible). Le développement de tels capteurs nécessite la réalisation et l'étude de dispositifs électroniques. Par conséquent, la fonctionnalisation des surfaces des semi-conducteurs, massifs ou en couches minces, est un domaine en plein essor **[1;2;3]**.

Des travaux récents ont montré la faisabilité de procédés de greffage covalent, donc stable thermiquement et chimiquement, d'édifices moléculaires organiques comportant des fonctionnalités spécifiques qui permettent la reconnaissance de protéines ou de fragments d'ADN complémentaires **[4]**. Dans les systèmes auto-assemblés sur surfaces semi-conductrices, le contrôle du greffage covalent est crucial pour deux raisons :

• une liaison C-C (covalente et non polaire) devrait permettre d'augmenter la stabilité thermique et chimique du système par exemple en présence de milieux réactifs (tels que les fluides biologiques),

• la transmission d'électrons ou de trous à travers la chaîne aliphatique, entre la surface semi-conductrice et les groupements actifs (récepteurs) situés en bout de chaîne greffée, est bien meilleurc lorsque des liaisons chimiques covalentes sont établies aux deux extrémités.

En dehors des métaux, le silicium cristallin - en particulier les surfaces (100) **[5;6]** et (111) **[7;8]** - est le substrat le plus utilisé pour caractériser les procédés de greffage covalent. Des travaux commencent à apparaître sur les couches minces de diamant **[9;10]**, mais il est probable que les substrats réellement utilisables seront plutôt des couches minces micro- ou nano-cristallines. De nombreux travaux de la littérature portent également sur le greffage de molécules organiques sur charbons actifs [11], carbone vitreux [12 ;13] ou fibres polymère tressées ayant subi une pyrolyse (feutres de carbone) [14;15;16]. Une revue récente publiée par F. Barrière et A.J. Downard résume tous les travaux de greffage de couches organiques réalisés sur des surfaces graphitiques de carbone [17].

Dans ce contexte, les couches minces amorphes (a-Si:H [18], a-C ...), peuvent présenter des avantages à la fois en termes de simplicité de mise en œuvre, de flexibilité des procédés et de meilleure homogénéité des propriétés physico-chimiques de surface. Les potentialités des procédés de greffage sur des couches minces carbonées sont analysées dans la partie suivante.

I.2 L'intérêt de la fonctionnalisation des couches minces de carbone amorphe

Le choix du carbone amorphe est fondé sur les nombreux avantages que présente ce matériau vis-à-vis des autres matériaux :

- Les procédés de dépôt des couches minces amorphes offrent des avantages importants : synthèse à température ambiante par différents procédés physiques ou chimiques en phase vapeur, grands substrats (incluant verre, métaux et polymères), possibilité de déposer des alliages ou composés métastables et de modifier la surface de la couche-support, soit en réalisant des alliages (carbone-azote, carbone-hydrogène) soit en faisant varier le rapport (C sp^2 / C sp^3) de cette surface.

- Les couches amorphes avec une faible rugosité et homogènes (sans joints de grains) sont importantes pour pouvoir interpréter simplement les résultats expérimentaux, et être en mesure de réaliser des traitements localisés sub-micrométriques. L'étude des différentes formes de carbone comme couches minces bio-compatibles est encore dans une phase exploratoire, mais elle révèle une meilleure biocompatibilité que le silicium, le verre ou l'or (à l'exception des couches riches en C sp^2 et très graphitisées, du type carbone vitreux).

- La stabilité chimique et thermique de certaines surfaces de carbone amorphe fait de lui un excellent candidat pour ce type d'applications. De plus, la liaison C-C qui se forme entre la molécule organique et la surface est d'une grande robustesse (348 kJ/mol).

16

A l'heure actuelle, on trouve encore très peu de publications concernant le greffage moléculaire sur couches minces de carbone amorphe. T. Nakamura est le premier à publier un travail de greffage d'une monocouche organique sur la surface des couches minces de carbone amorphe [19]. Il a travaillé avec la méthode photochimique déjà utilisée sur les surfaces de Si (111). De même R.J. Hamers et al [20] ont utilisé cette technique pour modifier la surface du carbone amorphe hydrogéné. Notre laboratoire a déjà aussi travaillé sur le greffage thermique de molécules organiques sur des couches minces de carbone amorphe par voie liquide [21] avant le début de la thèse.

I.3 Contexte du travail

Ce travail vise à développer une thématique de recherche centrée sur l'étude des propriétés physico-chimiques et électroniques des surfaces de couches minces carbonées modifiées par le greffage de molécules organiques, et tournée vers des potentialités d'applications dans les domaines de la bio-électronique et de l'électrochimie.

Pour l'utilisation pertinente d'interfaces molécules organiques / couches minces à des fins de diagnostic électrique de l'accrochage moléculaire (capteurs chimiques ou biologiques), la nature de la liaison et la qualité des interfaces sont de première importance.

L'originalité du projet réside dans le choix du type de substrat et dans la complémentarité des procédés de greffage de molécules organiques qui sont disponibles sur le site de l'Université de Rennes 1 (greffage chimique en phase liquide et par évaporation de petites molécules sous ultravide).

Nous avons choisi de comparer différentes couches de carbone élaborées par pulvérisation d'une cible de graphite et par ablation laser d'une cible de carbone vitreux, présentant des densités volumiques et des hybridations sp^2 / sp^3 variables, vis-à-vis de leur réactivité dans un procédé de greffage activé thermiquement. Pour comparaison avec la littérature, nous utilisons comme référence la surface Si(111):H du silicium, obtenue après un traitement chimique permettant de passiver les sites de surface par des atomes d'hydrogène.

Pour ceci dans le chapitre II, on présente les différentes techniques qui ont servi pour la caractérisation des couches à leurs différentes étapes de préparation. En particulier, la spectroscopie de photoélectrons XPS qui révèle les différents éléments chimiques présents sur la surface (profondeur caractérisée~5nm) et leurs liaisons chimiques permet d'évaluer la densité des molécules greffées sur la surface. Les mesures XPS nous ont aussi permis d'estimer la densité des couches minces de carbone amorphe en analysant les spectres de pertes de plasmons et les pourcentages des différentes hybridations des atomes de carbone en surface, grâce à la meilleure résolution offerte par l'utilisation d'une source monochromatisée.

La réflectométrie des rayons X (XRR) nous a aidés à déterminer en détail les propriétés des structures des couches minces (épaisseur, densité et rugosité), tandis que la microscopie électronique à balayage a servi uniquement pour l'optimisation des paramètres de dépôt par ablation laser. Finalement, on présente l'étude des énergies des surfaces par la technique de mesures d'angle de contact.

Dans le chapitre III, on décrit les deux méthodes de dépôt des couches minces de carbone amorphe. La première méthode repose sur la pulvérisation du graphite dans un plasma réactif Ar/H_2 ; nous en avons disposé grâce à une collaboration avec Kacem Zellama de la Faculté des Sciences d'Amiens. L'étude XPS de ces couches montre qu'elles sont riches en atomes de carbone hybridés sp^2. La deuxième méthode de dépôt, par ablation laser (PLD) d'une cible de carbone vitreux a pu être développée grâce à une collaboration que nous avons initiée avec des collègues chimistes du laboratoire Sciences Chimiques de Rennes. On obtient alors des couches plus denses, riches en atomes hybridés sp^3, moins réactives vis-à-vis de l'oxygène et qui ne nécessitent aucun traitement avant le greffage. L'observation au MEB de l'état de la surface nous a permis d'ajuster nos paramètres de dépôt pour avoir des surfaces propres et peu rugueuses (R~0.3nm).

La surface Si (111) ayant été choisie comme référence pour notre travail de greffage de molécules organiques sur le carbone amorphe, le chapitre IV détaille l'état de l'art en ce qui concerne le greffage de molécules organiques sur les surfaces cristallines de silicium. Ce chapitre présente aussi la méthode et les résultats obtenus grâce au greffage thermique en phase liquide sur Si (111). Ces résultats avaient fait l'objet d'une publication avant le début de ce travail [7]. C'était un travail initié par Bruno Fabre- Sciences chimiques de Rennes, auquel l'équipe avait apporté sa collaboration. La molécule utilisée était l'undécylénate d'éthyle ($CH_2=CH(CH_2)_8-COOC_2H_5$). L'avantage de cette molécule réside dans sa terminaison ester offrant une voie vers d'autres fonctionnalisations, par exemple pyridine ou ferrocène. L'utilité de la présentation de ce travail fait sur le Si (111) est de pouvoir mieux interpréter les résultats obtenus sur le carbone amorphe par la même méthode (Chapitre VI).

18

Le Chapitre V introduit le procédé de greffage par évaporation de différentes molécules organiques linéaires possédant une fonctionnalité alcène. Nous avons conçu et développé un montage sous ultravide permettant de réaliser le greffage en phase vapeur, traiter les surfaces et faire des mesures XPS sans que l'échantillon soit mis à l'air. Nous disposons ainsi dans l'équipe d'une voie de greffage qui permet de préparer les couches minces fonctionnalisées dans les meilleures conditions de propreté possibles sous ultravide. Nous avons travaillé avec le perfluoro-1-décène ($CH_2=CH-(CF_2)_7-CF_3$). Cette molécule présente l'avantage de sa signature fluor pour le greffage sur carbone amorphe. Les surfaces de Si modifiées en phase vapeur ont été caractérisées qualitativement et quantitativement par la technique XPS.

Une méthode de mesure de transport électrique non destructive par électrode à goutte de mercure a été mise au point au cours de ce travail. Pour l'étude des propriétés de transport, le greffage thermique en phase vapeur a d'abord été réalisé sur silicium cristallin dopé n ou p (après passivation des sites de surface du Si (111) par l'hydrogène) en utilisant des alcènes linéaires de différentes longueurs (C10 et C14), permettant une comparaison avec les résultats de la littérature. Cette étude préliminaire permet de mettre en évidence une corrélation entre la qualité du greffage thermique sous ultravide et les caractéristiques courant-tension des assemblages moléculaires. Cette corrélation est confirmée par une caractérisation UPS de ces surfaces greffées, grâce à une collaboration avec professeur Antoine Kahn de l'Université de Princeton.

Finalement le chapitre VI montre le travail réalisé sur les surfaces de carbone amorphe, qui vise en premier lieu à reproduire, sur les couches minces de carbone amorphe, les résultats obtenus par greffage thermique en phase liquide sur le Si (111). Dans cette partie on met en évidence des différences de comportement des couches minces de carbone amorphe obtenues soit par pulvérisation soit par ablation laser vis-à-vis du greffage de l'undécylénate d'éthyle en phase liquide.

La deuxième partie de ce chapitre comprend les résultats obtenus par XPS sur les couches minces de carbone amorphe modifiées en phase vapeur. On y discute aussi de la stabilité thermique grâce à l'étude en fonction de la température de la densité de molécules restant greffées à la surface après divers recuits sous ultravide, ainsi que de la résistance aux ultra-sons des molécules greffées. Cette étude a pour but de qualifier la robustesse des liaisons créées entre les molécules et la surface.

19

Références

[1] M. Madou, M.J. Tierny, Applied Biochem. Biotechnol. 41 (1993) 109.
[2] N. Chaniotakis, N. Sofikiti, Analytica Chimica Acta 615 (2008) 1.
[3] B. Leca-Bouvier, L.J. Blum, Anal. Lett. 38 (2005) 1491.
[4] R. Boukherroub, Current Opinion in Solid State & Materials Science 9 (2005) 66-72.
[5] J.S. Hovis, R.J. Hamers, J. Phys. Chem. B 101 (1997) 9581.
[6] T. Bitzer, N.V. Richardson, Appl. Phys. Lett. 71 (1997) 662.
[7] B. Fabre, S. Ababou-Girard, F. Solal, J. Mater. Chem. 15 (2005) 2575-2582.
[8] H.N. Waltenburg, J.T. Yates, Chem. Rev. 95 (1995) 1589-1673.
[9] S. Szunerits, R. Boukherroub, J. Solid State Electrochem. 12 (2008) 1205–1218.
[10] A. Härtl, E. Schmich, J.A. Garrido, J. Hernando, S.C.R. Catharino, S. Walter, P. Feulner, A. Kromka, D. Steinmüler, M. Stutzmann, Nature Materials 3 (2004) 737.
[11] L. Figueiredo, M.E.R. Pereira, M.M.A. Freitas, J.J.M. Orfao, Carbon 37 (1999) 1379-1389.
[12] Y.C. Liu, R. L. McCreery, J. Am. Chem. Soc. 117 (1995) 11254-11259.
[13] P. Allongue, M. Delamar, B. Desbat, O. Fagebaume, R. Hitmi, J. Pinson, J.M. Saveant, J. Am. Chem. Soc. 119 (1997) 201-207.
[14] F. Geneste, M. Cadoret, C. Moinet, G. Jézéquel, New J. Chemical 26 (2002) 1261.
[15] S. Ranganathan, I. Steidel, F. Anariba, R.L. McCreery, Nano Lett. 1 (2001) 491-494
[16] P.A. Brooksby, A.J. Downard, Langmuir 20 (2004) 5038-5045.
[17] F. Barrière, A.J. Downard, J. Solid State Electrochem. 12 (2008) 1231-1244.
[18] A. Lehner, G. Steinhoff, M.S. Brandt, M. Eickhoff, M. Stutzmann, J. Appl. Phys. 15 (2003) 2289.
[19] T. Nakamura, T. Ohana, M. Suzuki, M. Ishihara, A. Tanaka, Y. Koga, Surface Science 580 (2005) 101-106.
[20] B. Sun, P.E. Colavita, H. Kim, M. Lockett, M.S. Marcus, L.M. Smith, R.J. Hamers, Langmuir 22 (2006) 9598.
[21] S. Ababou-Girard, F. Solal, B. Fabre, F. Alibart, C. Godet, J. Non-Cryst. Sol. 352 (2006) 2011-2014.

Chapitre II: <u>Techniques de Caractérisations de Surfaces et de couches minces</u>

La spectroscopie de photoélectrons dans le mode XPS est une technique essentielle dans ce travail. Cette technique d'analyse chimique par excellence permet de déterminer les éléments chimiques en surface (5 nm de profondeur) et leurs environnements même avec des concentrations faibles (10^{13} atomes.cm^{-2}). Ceci permet d'analyser parfaitement les surfaces et offre la possibilité d'analyses quantitatives. De plus, les spectroscopies d'électrons, et en particulier l'XPS, sont une culture de longue date dans l'équipe.

En complément nous avons utilisé la réflectométrie des rayons X pour déterminer l'épaisseur et la rugosité des couches greffées, la microscopie électronique à balayage et l'AFM pour étudier la topographie des surfaces des couches minces déposées par ablation laser. Une étude des énergies de surfaces en fonction de l'hybridation (C sp^2/ C sp^3) a été utilisée sur les couches minces de carbone amorphe présentant une très faible rugosité.

II.1 <u>Spectroscopie de photoélectrons XPS</u>

II.1.A <u>Introduction</u>

La spectroscopie de photoélectrons XPS (X-Ray Photoemission Spectroscopy) fut principalement développée par K.Siegbahn [1] et ses collègues à Uppsala (Suède). Leurs travaux portèrent essentiellement sur le développement des spectromètres nucléaires β. Ils observèrent et publièrent les premiers déplacements des niveaux de cœur dus à l'environnement chimique, d'où la dénomination ESCA (Electron Spectroscopy for Chemical Analysis). K. Siegbahn fut récompensé par le prix Nobel de Physique en 1981. La spectroscopie de photoélectrons est une exploitation de l'effet photoélectrique découvert par H. R. Hertz en 1887. Cet effet sera expliqué par Albert Einstein en 1905 [2] en considérant l'aspect corpusculaire de la lumière. Les années 70 furent marquées par l'apparition des premiers appareils commerciaux. Depuis les années 90, cette technique connaît un perfectionnement important, notamment dans le domaine de la microanalyse localisée et quantitative et de l'imagerie chimique.

Dans ce travail, j'ai essentiellement utilisé la technique XPS pour analyser les surfaces des couches minces de carbone amorphe après leur dépôt, pendant les différentes phases de traitements et après leur modification par des chaînes organiques. Son atout est de révéler les différents éléments chimiques présents sur la surface (profondeur caractérisée ~5nm) et leurs liaisons chimiques et de permettre d'évaluer la densité des molécules greffées sur la surface.

Le signal XPS d'un matériau homogène dépend d'un terme « $1/\cos\alpha$ », α étant l'angle que fait la normale à la surface avec l'axe de l'analyseur. La profondeur analysée étant donnée par un terme ($\lambda\times\cos\alpha$), les mesures angulaires XPS permettent d'identifier les éléments chimiques qui se trouvent préférentiellement en surface. Dans le cas d'une couche moléculaire greffée, son épaisseur peut être estimée en s'appuyant sur cette dépendance angulaire du signal et sur une estimation du libre parcours moyen inélastique λ des photoélectrons dans la molécule.

Le libre parcours moyen correspond aux pertes inélastiques des photoélectrons émis et dépend de leur énergie cinétique. Parmi les pertes inélastiques, nous nous sommes intéressés aux pertes de type plasmon. Les plasmons du spectre de carbone C1s ont permis de comparer la densité atomique en surface des différentes couches minces de carbone amorphe étudiées **[3]**. Les mesures XPS sont effectuées sous ultravide avec une pression de base de 2.10^{-10} mbar. Deux sources X non-monochromatiques ont servi comme source d'excitation : Al Kα (1486.6 eV) ou Mg Kα (1253.6 eV). Elles permettent l'acquisition de spectres avec une résolution de 1 eV. Une source monochromatique Al Kα (1486.6 eV) est surtout utilisée dans ce travail pour déterminer le pourcentage des atomes de carbone hybridés sp^3 à la surface des couches minces. Elle offre des spectres avec une résolution de 0.8 eV pour une énergie de passage de 22 eV dans l'analyseur (voir partie II.1.C.ii).

II.1.B   Principe et fonctionnement de la spectroscopie XPS

La spectroscopie de photoélectrons XPS permet de mesurer l'énergie cinétique des électrons éjectés de l'échantillon sous l'impact d'un faisceau de rayons X d'énergie connue $h\nu$ et de l'ordre du keV **(Figure II.1)**. Le spectre en énergie obtenu par cette spectroscopie permet d'analyser précisément la nature chimique de la surface d'un échantillon donné. L'identification de l'état chimique d'un élément peut être déterminée à partir de la mesure exacte de la position des pics et de leur séparation en énergie. Des analyses quantitatives peuvent être également extraites des spectres XPS en se basant sur l'intégrale sous les pics.

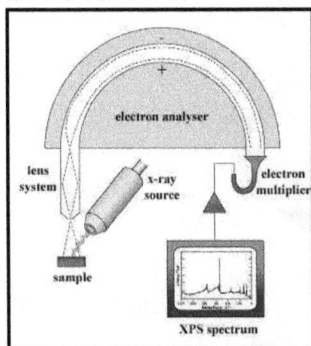

Figure II.1: La photoémission dans l'espace réel

II.1.B.i   Effet photoélectrique

L'effet photo-électrique reste le processus dominant de l'XPS quand on travaille dans le domaine du keV. Il se produit lorsqu'un photon rentre en collision avec un électron de niveau de cœur. Le photon est absorbé et transfère complètement son énergie à l'électron. Lorsque cette énergie de photon est supérieure à l'énergie de liaison E_L de l'électron du niveau cœur sur son orbitale atomique (E_L^{nF} référencée par rapport au niveau du Fermi de l'échantillon), l'électron est éjecté de son orbitale avec une énergie cinétique E_C (par rapport au niveau du vide de la surface de l'échantillon).

Cette énergie E_C, la direction d'émission, et le matériau dans lequel se propage l'électron déterminent sa probabilité de quitter ce matériau. S'il arrive en surface avec une énergie suffisante pour sortir du matériau, il passe dans le vide en perdant une énergie Φ_e qui est l'énergie nécessaire pour franchir la barrière de potentiel entre le niveau de Fermi du matériau et le niveau du vide. D'après la loi de conservation de l'énergie, on obtient le bilan énergétique suivant :

Equation II.1: $h\nu = E_L^{nF} + \Phi_e + E_C$

23

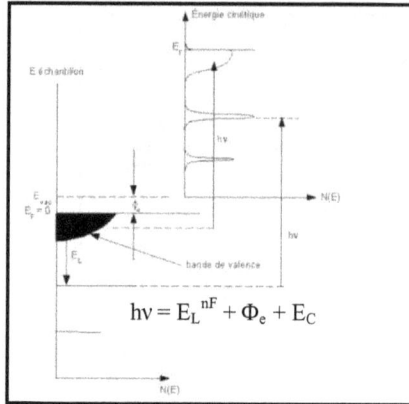

Figure II.2: La photoémission dans l'espace des énergies

On peut distinguer aussi un autre domaine de spectroscopie de photoélectrons appelé UPS pour Ultra Violet Photoemission Spectroscopy. Cette technique est basée sur l'utilisation d'une source UV comme source d'excitation photonique avec une énergie de quelques dizaines d'eV. Elle concerne la spectroscopie des orbitales électroniques de valence. Elle sert à déterminer la structure électronique des solides et des molécules.

La photoémission est une technique qui est aussi développée auprès des centres de rayonnement synchrotron. L'accès à un rayonnement blanc de grande intensité permet de réaliser des expériences avec une excellente résolution (facteur résolvant de 10^4 à 10^5) mais aussi de profiter des diverses énergies de photons disponibles afin d'obtenir tous les niveaux de cœur pour un échantillon à la même énergie cinétique et donc avec la même profondeur d'échappement. D'autres possibilités sont offertes par le rayonnement synchrotron telles que le PEEM (Photoemission electron microscopy) ou encore la photoémission de très haute énergie de photons (et donc de photoélectrons) qui permet l'étude d'interfaces enterrées.

II.1.B.ii   Principe de mesure des énergies de liaison

a) Etalonnage

La spectroscopie de photoélectrons XPS est basée sur la mesure des énergies cinétiques et sur l'application de l'**Equation II.2** pour déterminer l'énergie de liaison. Afin de compenser l'extraction d'électrons du matériau, il est indispensable de maintenir un contact électrique

24

entre la surface de l'échantillon conducteur et le porte-échantillon pour que l'échantillon soit à la masse (ou éventuellement à un potentiel de référence). L'échantillon étant en contact électrique avec le spectromètre, un équilibre électrique et thermodynamique s'établit ainsi entre l'échantillon et l'analyseur, et leurs énergies de Fermi E_F s'égalisent comme le montre la **Figure II.3**.

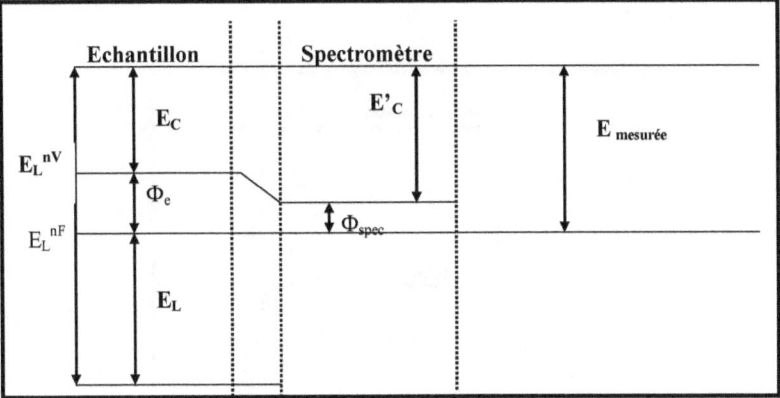

Figure II.3: Principe des mesures de photoémission

L'analyseur donne une mesure de l'énergie cinétique des photoélectrons en référence au niveau du vide de l'analyseur. Le niveau du vide de l'analyseur est le zéro des énergies cinétiques mesurées E'_C des photoélectrons. Le travail de sortie de l'analyseur, Φ_{spec}, (différence entre le niveau du vide et le niveau de Fermi de l'analyseur) est déterminé en observant et en positionnant le niveau de Fermi d'un échantillon métallique de référence (non oxydé) tel que l'or ou l'argent. Dans notre dispositif expérimental, le travail de sortie Φ_{spec} est égal à 5.2 eV±0.1eV.

Equation II.2 : $h\nu = E'_C + E_L^{nF} + \Phi_{spec}$

De même, du point de vue de l'échantillon, il vient

Equation II.3 : $h\nu = E_C + E_L^{nF} + \Phi_e$

Connaissant l'énergie des photons incidents et l'énergie cinétique mesurée par l'analyseur, la connaissance de Φ_{spec} permet de calculer E_L^{nF}. Les mesures sont effectuées en fonction de valeurs croissantes de l'énergie cinétique. Les spectres sont exprimés en énergie de liaison comme le montre la **Figure II.4.** Cette présentation est indépendante des énergies de photons et elle facilite la comparaison avec la référence bibliographique [4]. Dans le logiciel que nous utilisons, l'énergie de liaison est calculée comme $h\nu - E_C$ il est donc nécessaire de corriger du facteur Φ_{spec}.

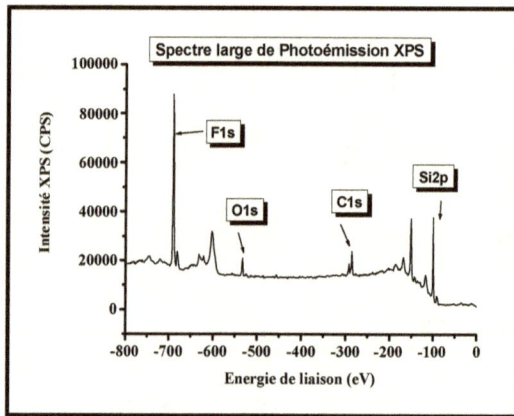

Figure II.4: Spectre large (Source non monochromatisée Mg Kα)

b) Effet de Charge

Le problème de l'effet de charge se pose pendant la mesure XPS sur des échantillons isolants. L'émission des électrons de l'échantillon charge positivement la surface de l'échantillon. Dans le cas d'un isolant, ces charges positives ont du mal à quitter la surface. Ce potentiel en surface va ralentir les photoélectrons émis de la surface, donc les énergies de liaisons apparentes E'_L^{nF} se déplacent vers des niveaux plus élevés. Ce problème est encore plus important si on utilise une source monochromatique. Les mesures avec une source X non-monochromatique sont toujours accompagnées par des électrons secondaires (émis par la source de rayons X) qui peuvent aider à annuler les charges positives résiduelles sur la surface de l'échantillon ; par contre, ces électrons secondaires sont négligeables dans le cas de la source X monochromatique (l'échantillon n'est pas en regard de l'anode).

La neutralisation des charges positives en surface n'est pas complète, mais peut aboutir à un potentiel statique C (positif par rapport au niveau de Fermi). En régime stationnaire, la valeur de ce potentiel ne varie pas pour un échantillon donné. L'énergie de liaison apparente $E'_L{}^{nF}$ et la vraie énergie de liaison $E_L{}^{nF}$ sont liées par l'**Equation II.4.**

$$\text{Equation II.4:} \quad E_L{}^{nF} = E'_L{}^{nF} - C$$

Pour déterminer ce potentiel C, il suffit de regarder le déplacement d'un pic caractéristique d'une contamination, en général le pic C1s du carbone situé à 285 ± 0.2 eV.

c) Les déplacements chimiques

Des atomes non équivalents d'un même élément chimique possèdent des énergies de liaison légèrement différentes (une fraction d'eV à quelques eV). Ce phénomène est un atout majeur de la spectroscopie XPS puisqu'il met en évidence l'effet de l'environnement chimique de l'élément considéré. Il permet de faire une analyse chimique de la surface et pas seulement une analyse élémentaire. La non-équivalence des atomes peut résulter de la différence entre environnements moléculaires (appartenance à des fonctions chimiques diverses), de la différence entre états d'oxydation et même d'un changement dans la position cristallographique.

La base physique de ces déplacements chimiques est illustrée par un modèle relativement simple.

Les règles générales des déplacements chimiques sont les suivantes :
- Tous les niveaux de cœur d'un atome subissent le même déplacement chimique.
- L'énergie de liaison augmente lorsque la densité d'électrons de valence diminue
- Les effets de chaque voisin sont indépendants et additifs.

d) Nomenclature des spectres XPS

La nomenclature des spectres XPS est directement liée à la notation des orbitales atomiques mono-électroniques ; ces spectres XPS sont caractérisés par trois nombres quantiques :

- n : le nombre quantique principal (n prend les valeurs 1,2,3.....).

- l : le nombre quantique du moment angulaire (l prend les valeurs 0,1,2,3.. et désigne les orbitales atomiques s, p, d, f.....)
- j : le nombre total du moment angulaire ou de spin orbital (j prend les valeurs 1/2, 3/2, 5/2....).

Par exemple, le néon a une configuration de l'état initial $^1S_0 \mid 1s^2\, 2s^2\, 2p^6 >$; l'éjection d'un électron 1s conduit à la configuration de l'état final ionisé $^2S_{1/2} \mid 1s^1\, 2s^2\, 2p^6 >$, celle d'un électron 2s à la configuration $^2P_{1/2} \mid 1s^2\, 2s^1\, 2p^6 >$, celle d'un électron 2p aux deux configurations $^2P_{1/2} \mid 1s^1\, 2s^2\, 2p^5 >$ et $^2P_{3/2} \mid 1s^1\, 2s^2\, 2p^5 >$. Ces quatre transitions donnent lieu à quatre pics XPS qui sont respectivement Ne 1s (n=1 ; l=0 ou s, j=1/2), Ne 2s (n=2 ; l=0 ou s, j=1/2), Ne $2p_{1/2}$ (n=2 ; l=1 ou p, j=1/2), et Ne $2p_{3/2}$ (n=2 ; l=1 ou p, j=3/2).

Les orbitales ayant des énergies de liaison inférieures à l'énergie de photons utilisée, sont observables par la spectroscopie XPS. En travaillant avec des sources de rayons X Al Kα (1486.6 eV) ou Mg Kα (1253.6 eV), on arrive à détecter les niveaux 1s des éléments de la deuxième période. Dans le cas des éléments des périodes supérieures, les niveaux 1s ont des énergies sont trop élevées, mais ils sont toujours détectables par leurs orbitales 2s, 2p, 3d, 4d....

e) Intensité et largeur des pic XPS

La section efficace de photo-ionisation α est le paramètre principal qui gouverne l'intensité du pic XPS. L'intensité dépend aussi du facteur de transmission de l'analyseur et de la source X employée. Scofield **[5]** a calculé les valeurs de α pour les deux sources Mg et Al. Ces résultats montrent que la plage de variation n'excède pas un facteur 10 pour la majorité des éléments.

La largeur du pic ΔE, définie comme la largeur à mi-hauteur de la gamme des énergies cinétiques des photoélectrons émis, est due à la convolution de plusieurs contributions de forme lorentzienne ou gaussienne menant à une largeur totale donnée par l'**Equation II.5**.

Equation II.5 : $\Delta E = \left(\Delta E_n^2 + \Delta E_p^2 + \Delta E_a^2\right)^{1/2}$

ΔE_n est la largeur naturelle de la raie du niveau de cœur, ΔE_p est la largeur de la raie émise par la source X et ΔE_a est la résolution de l'analyseur. Cette dernière, correspondant à un profil gaussien, est discutée dans le paragraphe II.1.C.ii.

La largeur naturelle ΔE_n de la raie du niveau de cœur est liée à la durée de vie τ(s) de l'état final ionisé par la relation d'incertitude de Heisenberg (Equation **II.6**)

$$\text{Equation II.6 : } \Delta E_n\,(eV) = \frac{h}{\tau} = \frac{4.1 \times 10^{-15}}{\tau}$$

où h est la constante de Planck exprimée en eV.s. La durée de vie varie entre 10^{-14} et 10^{-13} s pour les raies les plus fines **[6]** (Ag 3d), tandis que celle des raies les plus larges (Ag 3s) est de $\sim 10^{-15}$ s. Cette contribution est Lorentzienne de même que la contribution de la source pour les mêmes raisons (temps de vie de l'espèce ionisée à l'anode).

II.1.C Dispositif expérimental

L'enceinte utilisée pour la spectroscopie de photoélectrons (**Figure II.5**) comporte une source de rayonnement X *(1)* qui peut fonctionner avec deux anodes différentes, aluminium et magnésium. Cette installation comporte aussi une seconde source d'excitation X avec son monochromateur *(2)*, un manipulateur d'échantillons *(3)*, un ensemble de lentilles de collection et un analyseur d'électrons *(4)* (VSW HA 100), un système de détection des électrons *(5)*, un système de traitement de données par ordinateur. Le bâti est équipé d'une pompe ionique *(6)* et d'un sublimateur de titane pour assurer le vide dans l'enceinte en permanence.

L'angle γ entre la source et l'analyseur est fixé à 54,7°. Cette valeur fait disparaître le paramètre d'asymétrie caractéristique β de la sous-couche de l'expression de la section efficace différentielle de photo-excitation sur un atome (**Equation II.7**). Cette configuration permet de mieux tenir compte de l'aspect angulaire des mesures.

$$\text{Equation II.7 [7] : } \frac{d\sigma}{d\Omega} = \frac{\sigma}{4\pi}\left(1 + \frac{1}{2}\beta\left(\frac{3}{2}\sin^2\gamma - 1\right)\right)$$

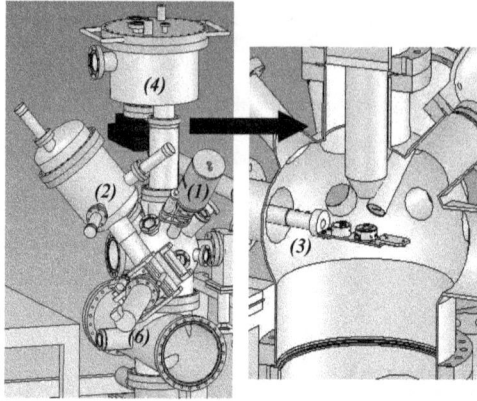

Figure II.5: Dispositif expérimental XPS

II.1.C.i Tube à rayons X non monochromatisé

Le dispositif de production de rayons X comprend un filament de tungstène chauffé par effet Joule. Il émet par thermo-ionisation des électrons qui sont accélérés à l'aide d'un potentiel appliqué sur l'anode pouvant atteindre 20 kV. Les filaments sont liés à la masse et le potentiel d'accélération est appliqué sur les anodes. Ce choix est fait pour des raisons de focalisation des électrons et d'optimisation du rendement d'émission X. Nous utilisons un potentiel de 12 kV et un courant d'émission de 10 mA, ce qui conduit à un courant de 2 mA dans le filament. On distingue deux filaments, un pour chaque anode (aluminium ou magnésium).

L'émission des rayons X se produit après l'interaction des électrons de haute énergie avec l'anode. Ces photons passent ensuite à travers une petite fenêtre pour irradier l'échantillon. Cette fenêtre est recouverte par une couche métallique d'aluminium d'épaisseur de l'ordre de quelques dizaines de µm. Elle assure l'isolation entre l'enceinte d'analyse et le tube X ; la pression est plus faible dans l'enceinte d'analyse. Cette fenêtre sert aussi à piéger les électrons secondaires émis par la source qui contribuent au fond continu présent dans les spectres XPS.

Les sources X Mg Kα (1253,6 eV) et Al Kα (1486,6 eV) ont respectivement une distribution en énergie de 0,7 eV et 0,85 eV et une forme de raie Lorentzienne. Elles offrent des spectres avec une résolution de 1 eV avec une énergie de passage de 22 eV. Elles se caractérisent par les intensités relativement importantes de leurs raies d'émission. Leurs inconvénients se résument à la présence de plusieurs pics satellites et d'un fond continu important dû au rayonnement de freinage.

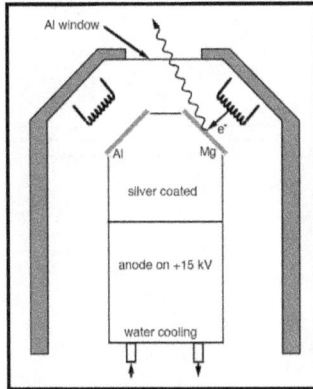

Figure II.6: Source de rayons X

II.1.C.ii   L'analyseur et le système de détection

L'analyseur d'énergie (**Figure II.7**) est du type hémisphérique (VSW HA 100) avec focalisation à 180°. Pour une meilleure luminosité et une meilleure résolution en énergie, les électrons éjectés de l'échantillon sont focalisés d'abord par deux systèmes successifs de deux lentilles avant de pénétrer dans l'analyseur.

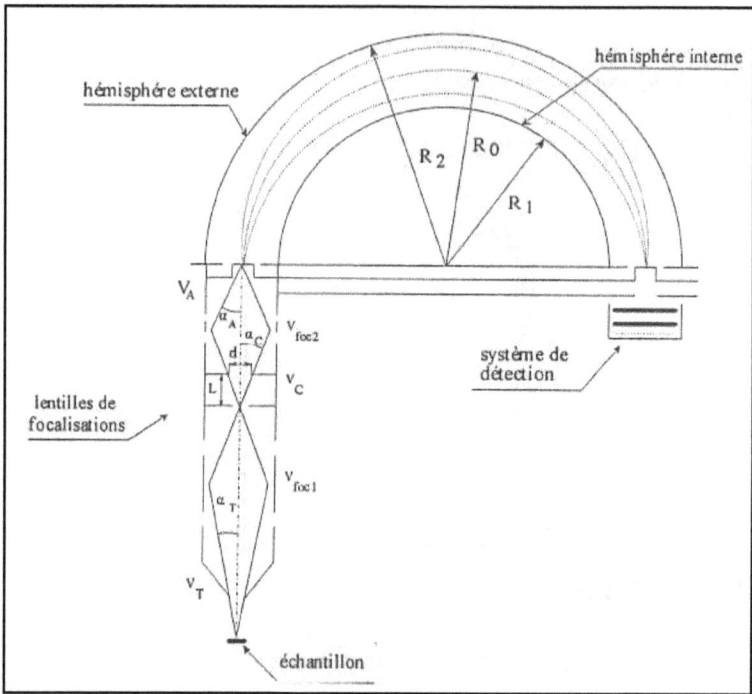

Figure II.7: Schéma de l'analyseur hémisphérique (VSW HA 100)

Avec :
- $E_0 = eV_A$ énergie de passage
- $V_C = 10V_A$ potentiel de l'électrode intermédiaire
- V_{foc1} et V_{foc2} potentiels de la première et deuxième électrodes de focalisation
- α_T angle solide vu par l'analyseur à partir de la cible
- α_C angle solide dans la lentille intermédiaire
- $E_C = eV_T$ énergie cinétique des électrons émis

32

L'analyseur est constitué de deux demi sphères concentriques en verre de rayon R_1 et R_2 ($R_2 > R_1$), recouverts sur les deux faces par un dépôt d'or. Des potentiels de $+\dfrac{V}{2}$ et $-\dfrac{V}{2}$ sont appliqués respectivement à l'hémisphère interne et à l'hémisphère externe, un champ électrique normal à la surface de celles-ci se forme et disperse les électrons suivant leur énergie cinétique. Seuls les électrons ayant une énergie cinétique E_C' telle que

$$\textbf{Equation II.8 : } E_C' = \frac{eV}{\dfrac{R_2}{R_1} - \dfrac{R_1}{R_2}}$$

sont transmis et empruntent la trajectoire circulaire médiane de rayon $R_0 = \dfrac{1}{2}(R_1 + R_2)$.

La résolution en énergie de l'analyseur est un paramètre très important, son expression est :

$$\textbf{Equation II.9 : } \Delta E_a = E_0 \left| \frac{d}{2R_0} + \frac{\alpha_A^2}{4} \right|$$

où E_0 est l'énergie cinétique de passage, d la largeur de la fente d'entrée de l'analyseur et α_A l'angle d'entrée des photoélectrons dans l'analyseur.

On choisit de travailler à énergie de passage constante pour obtenir une résolution identique sur tout le spectre. Pour une énergie de passage $E_0 = 22$ eV, on obtient une résolution en énergie de l'analyseur de 0.46 eV. Cependant la contribution la plus importante dans la résolution expérimentale vient de la source d'excitation (non monochromatisée). En utilisant les deux sources Mg K_α et Al K_α, on obtient des spectres avec une résolution expérimentale de ~ 1 eV.

Un paramètre important pour certaines utilisations comme la diffraction des photoélectrons peut être la résolution angulaire de l'analyseur. Celle-ci peut être calculée à partir de la relation de Helmotz-Lagrange. On a en effet :

$$\alpha_T V_T^{\frac{1}{2}} = \alpha_C V_C^{\frac{1}{2}} \quad \text{comme} \quad \alpha_C = \frac{d}{2L}$$

on aura alors $\qquad$ **Equation II.10 :** $\alpha_T = \dfrac{d}{2L}\left(\dfrac{V_C}{V_T}\right)^{\frac{1}{2}}$

Pour une énergie de passage de 10 eV, l'analyseur a une résolution angulaire ~ 0.7° dans la direction dispersive en énergie et de ~ 1.8° dans la direction non dispersive. La forme de la fente d'entrée est rectangulaire avec 4 mm de largeur et de 10 mm de longueur.

Un système de multi-détection est placé à la sortie de l'analyseur, dans lequel plusieurs trajectoires d'électrons d'énergies différentes sont détectées simultanément. Les paquets d'électrons à la sortie des galettes sont recueillis par un réseau de 16 anodes en or. Ce système a pour avantage une meilleure sensibilité par rapport à l'utilisation d'un simple channeltron.

Les impulsions issues des seize anodes sont amplifiées, discriminées puis comptées. Un ordinateur, dans lequel est implanté un logiciel d'acquisition (PSP Acquisition), gère à la fois les tensions appliquées à l'analyseur et l'accumulation des signaux venant du compteur. Il est possible alors de visualiser directement sur l'écran de l'ordinateur l'évolution des spectres en cours.

II.1.C.iii   Tube à rayons X monochromatisé

Notre tube à rayons X monochromatique (**Omicron XM 500**) a deux composantes principales (**Figure II.8**) : une source de rayons X (Al K_α) et le monochromateur.

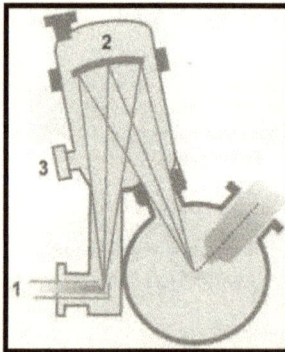

Figure II.8: Les composants du monochromateur
XM 500

La source de rayons X (Al K_α) utilisée sur ce dispositif comporte deux anodes toutes ; deux en aluminium, La tension appliquée à l'anode pendant les mesures est de 14 kV avec un courant d'émission de 25 mA. La source X est montée sur le monochromateur et positionnée exactement sur le cercle de Rowland **Figure II.9** à l'aide de deux manipulateurs appelés « Z-shift » et « port aligner ».

Le monochromateur X est basé sur la diffraction de Bragg des photons. Le faisceau poly-chromatique X est reçu par un miroir cristallin. Les réflexions de Bragg s'effectuent sur un système composé de quatre cristaux en quartz courbés au diamètre de Rowland 2R ; ils sont déposés sur un support de forme toroïdale ce qui assure la focalisation du faisceau monochromatisé Seules les longueurs d'onde qui remplissent la condition de réflexion sélective ou **condition de Bragg (Equation II.11)** sont réfléchies. Les photons X sortent du monochromateur à travers une fenêtre en polymère aluminisé pour irradier l'échantillon. Le **tableau II.5** décrit les paramètres utilisés dans la loi de Bragg et les paramètres du monochromateur.

Equation II.11 : $2d \sin \theta = n\lambda$ **(Loi de Bragg)**

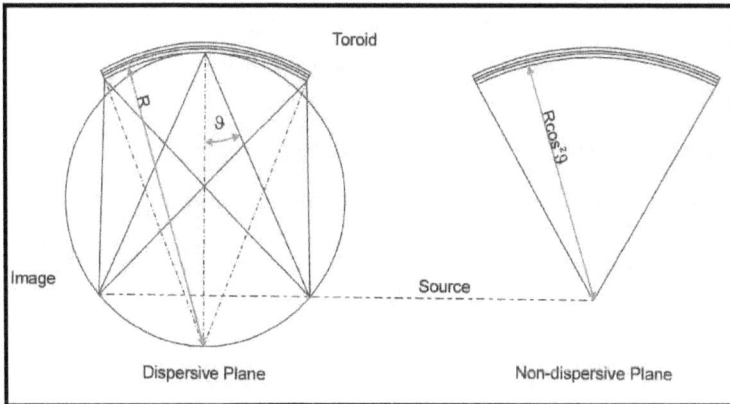

Figure II.9: Le cercle de Rowland. Le plan dispersif (Dispersive plane) est défini par les postions de l'échantillon, des miroirs en quartz et de la source X. φ =90°-θ.

Symbole	Description	Paramètres du Monochromateur
λ	Longueur d'onde de rayons X	λ=0.83396nm
E_{hv}	Energie du photon d'excitation	E = 1486,7 eV
d	Distance entre 2 cristaux	Quartz (1, 0,-1,0) : 2D=0.85nm
θ	Angle de Bragg	θ = 78.528°
n	Ordre de diffraction	n=1
a	Largeur du cristal dans la direction non dispersive	a= 140 mm
b	Largeur du cristal dans la direction dispersive	b= 100 mm
A	Surface du cristal	A=a*b=140 cm^2
R	Diamètre du cercle de Rowland	R=50cm
ΔE	Largeur à mi-hauteur	0.3 eV
D	Dimension minimal du spot de rayon X	D< 1 mm Ø
Δθ/ΔE	Dispersion angulaire	0.190°/eV
ΔX/ΔE	Dispersion linéaire	1.626mm/eV

Tableau II.1:Data du fabricant du monochromateur

La dérivée de la loi de Bragg donne la résolution angulaire :

$$\textbf{Equation II.12 :} \quad \frac{d\theta}{d\lambda} = \frac{n}{2d\cos\theta}$$

Pour une variation de $\Delta\theta$ de l'angle de Bragg, le changement de l'énergie du photon réfléchi ΔE peut être facilement calculé d'après la dispersion angulaire :

$$\textbf{Equation II.13 :} \quad \frac{\Delta\theta}{\Delta E} = 33.194 \times 10^{-4}\, rad\,/\,eV = 0.1909°\,/\,eV$$

La dispersion linéaire $\frac{\Delta X}{\Delta E}$ à travers l'échantillon dépend du diamètre R du cercle de Rowland du monochromateur :

$$\textbf{Equation II.14 :} \quad \frac{\Delta X}{\Delta E} = R\sin\theta \times \frac{\Delta\theta}{\Delta E} = \frac{R}{E}(1-(\cos\theta)^{-1}) = 1.626mm\,/\,eV$$

On obtient ainsi la dispersion en énergie :

$$\textbf{Equation II.15 :} \quad \frac{\Delta E}{\Delta X} = 0.625eV\,/\,mm$$

D'après les trois équations précédentes, on peut déterminer la résolution en énergie du monochromateur. Le diamètre de la tache du faisceau d'électrons sur l'anode de la source X est de ~1mm. Sa projection sur la direction d'observation du miroir est de ~ 0.55 mm, ce qui conduit à une raie X de largeur (à mi-hauteur) de 0.3 eV. On obtient ainsi des spectres avec une résolution expérimentale de 0.8 eV pour une énergie de passage de 22 eV.

La source X monochromatisée offre une résolution meilleure que celle offerte par les sources non monochromatiques, ce qui permet de mieux déterminer les déplacements chimiques dus à différentes liaisons de l'atome de carbone par exemple. L'identification des éléments chimiques présents en surface est plus précise avec la source monochromatisée, car les pics satellites ne figurent pas dans le spectre obtenu avec cette source. Le rapport signal sur bruit est amélioré grâce à l'élimination du fond *Bremsstrahlung* (fond continu des rayons X).

Cette source a surtout servi dans cette étude à la détermination des concentrations en carbones hybridés sp^2 ou sp^3 présents à la surface des couches minces de carbone amorphe.

II.1.C.iv Traitement des données

Après avoir enregistré les spectres XPS à l'aide du logiciel (PSP Acquisition), un logiciel (PSP Presents) permet de traiter les spectres XPS pour extraire le maximum d'informations. On commence par l'enregistrement d'un spectre large pour déterminer tous les éléments présents en surface de l'échantillon et leurs différentes fonctions chimiques si elles existent. Parfois on utilise deux sources différentes si on a des doutes sur l'origine de certains pics (détermination des pics Auger en particulier) Un fond continu est toujours présent sur les signaux enregistrés. Ce fond est la contribution des électrons secondaires. Pour traiter un pic donné, ce fond est éliminé par la méthode de soustraction non linéaire proposé par Shirley [8]. Cette procédure consiste à définir un fond dont l'amplitude, pour une énergie donnée, est proportionnelle au nombre d'électrons d'énergies cinétiques supérieures. L'intensité des pics est obtenue par intégration de l'aire sous le pic après soustraction du fond continu. A noter que la méthode de Shirley n'est plus valable si $I(x_1)$ est supérieure à $I(x_2)$, dans ce cas on a recours à une méthode de soustraction linéaire du fond.

$$\text{Equation II.16}: \quad I_{bgr}(x) = I(x_1) + \left(I(x_2) - I(x_1)\right) \frac{\int_{x_1}^{x} \left(I(x) - I_{bgr}(x)\right) dx}{\int_{x_1}^{x_2} \left(I(x) - I_{bgr}(x)\right) dx}$$

Plusieurs énergies de liaison peuvent correspondre à un même élément, s'il se trouve dans plusieurs environnements chimiques. On aura recouvrement des pics si le déplacement chimique est inférieur ou égal à la résolution expérimentale. En conséquence, la décomposition du spectre est indispensable pour révéler la contribution de chaque composante du spectre. Cette décomposition se fait en supposant un certain nombre de composantes, la nature de leur fonction et les paramètres qui les définissent (intensités relatives, position en énergie et largeur à mi-hauteur). Le profil de la composante peut être pris soit comme une fonction de Voight qui est la convolution d'une Gaussienne et d'une Lorentzienne ou bien une fonction mélange Gaussienne-Lorentzienne [6].

II.2 Réflectométrie des rayons X (XRR)

II.2.A   Introduction

La caractérisation des surfaces et des interfaces des matériaux en multicouches est devenue une activité de recherche en pleine extension dans la dernière décennie, en particulier les multicouches III-V en couches minces sont largement utilisées dans le domaine micro-électronique et optoélectronique (lasers et détecteurs) [9 ;10;11].

La caractérisation des multicouches par les rayons X pose un problème car le rapport du signal issu des multicouches vis-à-vis du signal issu du substrat est très défavorable. Pour contourner ce problème on travaille en réflexion totale des rayons X et on exploite la réflectométrie des rayons X (XRR). Cette technique mesure la réflectivité spéculaire d'un faisceau de rayons X sous incidence rasante. Elle permet d'évaluer en détail des structures ayant des dimensions allant de quelques nanomètres jusqu'à quelques centaines de nm [12]. C'est un moyen non destructif qui permet de déterminer les épaisseurs individuelles des couches, leurs densités électroniques et la rugosité des interfaces [13 ;14 ;15].

Cette technique a servi pour l'étude de différents types de matériaux comme l'empilement de polymères [16], de métaux [17], d'oxydes [18], ainsi que la rugosité des surfaces liquides [19].

38

Nous avons eu recours à cette technique pour déterminer la densité et l'épaisseur des couches minces de carbone amorphe déposées par ablation laser ainsi que leur rugosité. De plus, elle a servi confirmer la présence d'une monocouche organique sur les surfaces de carbone amorphe.

Pendant cette étude, on a utilisé un diffractomètre Bruker AXS D8 Discovery équipé d'un dispositif de réflectométrie et d'un détecteur linéaire Inel CPS 120. Les mesures ont été réalisées par A. Perrin (Sciences Chimiques de Rennes). La source de rayons X est une cible en cuivre (40 kV, 40 mA, $\lambda = 0.15418$ nm). Les fentes d'entrée et de sortie sont de 200 µm, le faisceau des rayons X est de largeur ~ 5 mm et limité par un couteau placé à 200 µm au-dessus de l'échantillon, pour limiter les réflexions spéculaires qui ne proviennent pas de l'échantillon. Aux angles rasants, l'intensité réfléchie dépend de la taille de l'échantillon et nécessite une correction pour obtenir la réflectivité R.

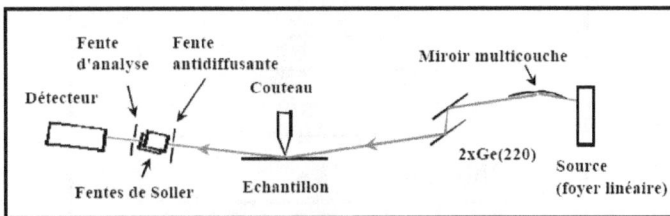

Figure II.10: Dispositif expérimental de réflectométrie de rayons X (XRR)

II.2.B Les grandeurs physiques obtenues par la XRR

Dans cette partie, je présente simplement les grandeurs physiques obtenues par cette technique, et déduites des ajustements réalisés sur les graphes ou bien calculées.

Les ajustements sont réalisés à l'aide du logiciel commercial Leptos. Il permet de créer une courbe de simulation en imposant le nombre de multicouches qui se trouvent dans le système à étudier et de réaliser un ajustement afin de déduire les paramètres des couches (rugosité, densité et épaisseurs).

Le manuscrit de HDR de Olivier Durand [20] nous a fourni des informations détaillées sur cette technique et sur la méthode de calcul, ainsi qu'une méthode d'analyse des mesures XRR permettant de déterminer le nombre de couches du matériau, la densité de ces multicouches et leur épaisseur. Le logiciel développé par O. Durand a présenté un deuxième moyen pour déterminer ces grandeurs qui peuvent être déduites des ajustements réalisés avec le logiciel Leptos fourni avec l'appareil.

II.2.B.i **Profil de Réflectivité I (2θ)**

a) Cas d'un substrat

La valeur expérimentale mesurée par cette technique est la réflectivité R qui est définie par le rapport entre l'intensité du faisceau réfléchie I (2θ) et l'intensité incidente I_0.

Equation II.17: R = I (2θ)/ I_0

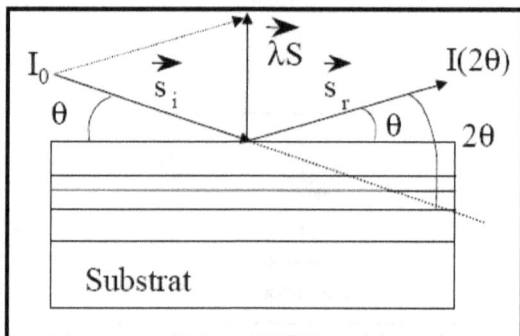

Figure II.11: Géométrie de la mesure de la réflectivité des rayons X dans le cas d'empilement des couches minces

Le profil de la réflectivité peut être aussi exprimé en fonction du vecteur de diffusion $\vec{S}$ comme le montre l'**Equation II.18.**

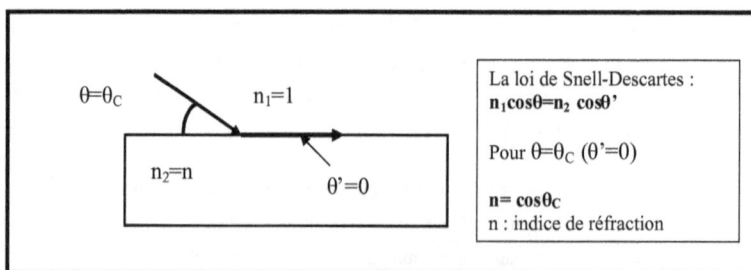

Figure II.12: Définition de l'angle critique

$$\text{Equation II.18 : } R = \left| \frac{S - \sqrt{S^2 - S_C^2}}{S + \sqrt{S^2 - S_C^2}} \right|^2$$

avec $\left| \vec{S} \right| = \dfrac{2\sin\theta}{\lambda}$ (λ la longueur d'onde des rayons X), et $\left| \vec{S}_C \right| = \dfrac{2\sin\theta_C}{\lambda}$.

L'angle θ_C est l'angle critique au dessous duquel on a une réflexion totale du rayon incident (**Figure II.12**), l'indice de réfraction $n = 1 - \delta$ étant inférieur à 1 pour la longueur d'onde utilisée.

D'après l'expression de la réflectivité, on constate que la courbe (**Figure II.13**) mesurée présente trois domaines :

- $\theta < \theta_C$ alors $S < S_c$: $\sqrt{S^2 - S_C^2}$ est imaginaire pur, on retrouve le plateau de la réflexion totale.
- $\theta = \theta_C$ alors $S = S_c$: R=1
- $\theta \gg \theta_C$ alors $S \gg S_C$: un développement limité de la réflectivité donne

$$\text{Equation II.19 : } R \rightarrow \frac{S_C^4}{16 S^4}$$

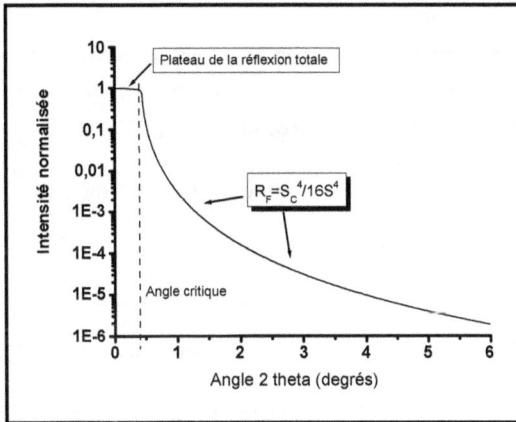

Figure II.13 : Courbe simulée avec le logiciel Leptos d'un substrat de Si, en échelle logarithmique à cause de la forte décroissance de la réflectivité selon la loi S^{-4}

b) Cas d'une couche mince déposée sur un substrat

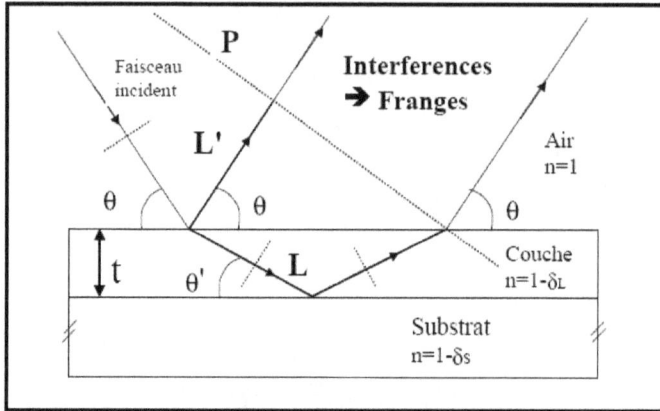

Figure II.12: Réflexion sur une couche mince [20]

Dans le cas d'une couche mince déposée sur un substrat, le profil de réflectométrie devient un peu plus complexe. En effet pour un angle rasant θ supérieur à l'angle critique, une partie de l'onde incidente est réfractée et réfléchie à l'interface couche-substrat et interfère avec la partie de l'onde réfléchie à l'interface air-couche.

Ces interférences provoquent l'apparition de franges, en fonction de l'angle θ, dont l'interfrange est directement lié à l'épaisseur de la couche (**Equation II.20**). Ces franges d'épaisseur sont couramment appelées franges de Kiessig **[21]**.

La norme du vecteur de diffusion S' s'écrit de la manière suivante :

$$\textbf{Equation II.20 : } S' = \frac{2}{\lambda}\sqrt{n^2 - \cos^2\theta} = m\frac{1}{t} - \frac{\phi}{\lambda t} \text{ [20]}$$

m étant un nombre entier, t l'épaisseur de la couche, ϕ le déphasage à la réflexion substrat-couche, qui est généralement est égal à zéro ou $\frac{\lambda}{2}$ pour les extrema **[20]**.

D'après cette dernière équation, on constate que les franges d'interférences sont équidistantes et dépendent uniquement de l'épaisseur de la couche. Ceci est confirmé par une expérience sur couches d'or déposées sur un même substrat de Si mais avec des épaisseurs différentes (**Figure II.14**). Cette figure illustre la possibilité de caractériser avec précision des couches ultra-minces de l'ordre du nanomètre.

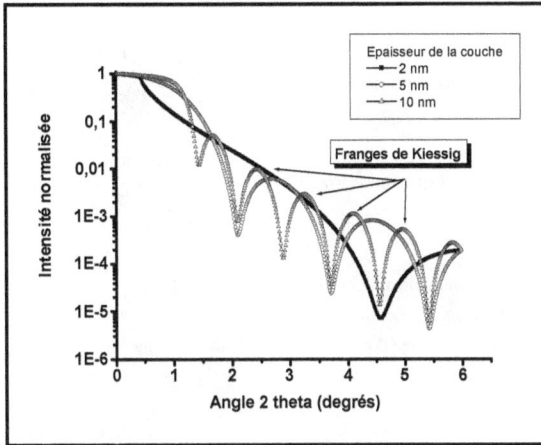

Figure II.13: Effet de l'épaisseur de la couche sur les franges de Kiessig, la couche déposée est de l'or sur Si, les courbes présentées sont des courbes de simulations réalisées par le logiciel Leptos

c) Calcul de l'épaisseur de la couche

Cette méthode de calcul est proposée par O. Durand. D'après l'équation (**Equation II.20**), on peut écrire l'ordre des franges (m) :

$$\text{Equation II.21 : } m = tS' + \frac{\phi}{\lambda} \text{ [20]}$$

On peut en déduire l'épaisseur t (pente de la courbe). Car S' (m) qui correspond à chaque frange d'ordre m, peut être calculé en pointant la position angulaire des franges et en mesurant l'angle critique.

II.2.B.ii Effet de la densité sur le profil de la réflectivité

L'indice de réfraction n dans le domaine des rayons X tend vers 1 par valeurs inférieures. La théorie classique considère les électrons élastiquement liés (modèle de Drude et de Lorentz [22]), d'où n :

Equation II.22 : $n = 1 - \delta(\lambda) - i\beta(\lambda)$

où $\delta(\lambda)$ est un terme de dispersion et $\beta(\lambda)$ est un terme d'absorption, qui peuvent être exprimés en fonction de la densité volumique ρ (g/cm^3) du substrat.

$$\text{Equation II.23:}\; \delta(\lambda) = \frac{\lambda^2}{2\pi} r_e N_a \rho \frac{\sum_i x_i (Z_i + \Delta f_i')}{\sum_i x_i M_i}$$

$$\text{Equation II.24:}\; \beta(\lambda) = \frac{\lambda^2}{2\pi} r_e N_a \rho \frac{\sum_i x_i \Delta f_i''}{\sum_i x_i M_i}$$

Avec :

- $\Delta f'$: partie anomale du facteur de diffusion réel **[23]**.
- r_e : rayon classique de l'électron (2.81794×10^{-15}m)
- N_a : nombre d'Avogadro 6.022169×10^{23} atomes/mole
- x_i : nombre d'atomes de l'espèce i (couches composées de différents types d'atomes)
- M_i : masse molaire en g/mole.

Si la densité volumique ρ diminue, les deux termes $\delta(\lambda)$ et $\beta(\lambda)$ diminuent aussi. De ce fait, l'indice de réfraction augmente et l'angle critique (**n= cosθ$_C$**) diminue comme le montre la (**Figure II.16**).

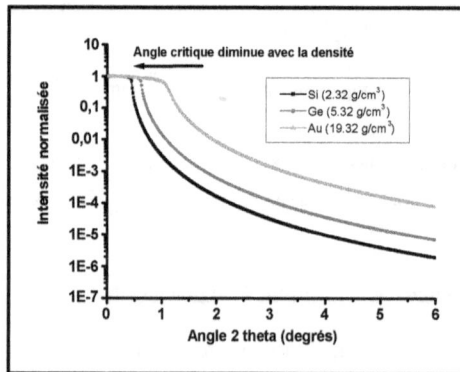

Figure II.16: Effet de la densité du substrat sur le profil de la réflectivité, les courbes sont simulées avec le logiciel Leptos.

Par ailleurs, si on néglige la partie anomale du facteur de diffusion réel $\Delta f'$, on peut exprimer $\delta(\lambda)$ en fonction de la densité électronique $\rho_\acute{e}$:

$$\text{Equation II.25 :} \delta(\lambda) = \frac{\lambda^2}{2\pi} r_\acute{e} N_a \rho \frac{\sum_i x_i Z_i}{\sum_i x_i M_i} = \frac{\lambda^2}{2\pi} r_\acute{e} \rho_\acute{e}$$

Si on néglige le terme d'absorption $\beta(\lambda)$ devant le terme de dispersion $\delta(\lambda)$, la densité électronique peut être facilement calculée en mesurant l'angle critique pour en déduire la densité volumique ρ.

$$\text{Equation II.26 :} \rho_\acute{e} = \frac{2\pi}{r_\acute{e}} \frac{1}{\lambda^2} \left(1 - \cos^2 \theta_C\right)$$

II.2.B.iii Effet de la rugosité de la surface sur le profil de la réflectivité

Tout ce qui est présenté dans les parties précédentes est vrai pour des surfaces et des interfaces supposées parfaitement planes. Ceci reste aussi vrai pour des surfaces et des interfaces ayant des rugosités nanométriques (jusqu'à quelques centaines de nm).

Ces rugosités provoquent un élargissement du faisceau spéculaire réfléchi. Ceci peut être compris en imaginant la surface irradiée comme composée de plusieurs petits domaines, dont la normale à la surface est légèrement inclinée par rapport à la normale à la surface moyenne.

Comme le montre la figure suivante, cet effet de rugosité influe de manière importante sur le profil de la réflectivité, au-delà de l'angle critique ($\theta > \theta_C$) même pour de légères variations de la rugosité à l'échelle sub-nanométrique.

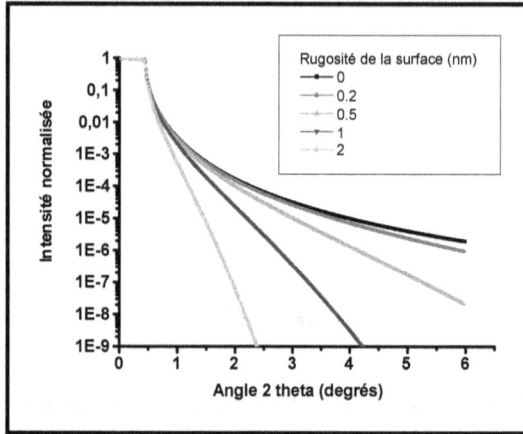

Figure II.17: Effet de la rugosité sur le profil de la réflectivité, les courbes sont simulées avec le logiciel Leptos.

II.3 Etude des énergies de surface des couches minces : mesures d'angle de contact

II.3.A L'énergie de surface et sa modélisation

L'énergie de surface – ou la tension de surface – d'un solide est une propriété du matériau qui donne des informations directes sur les interactions moléculaires et les interactions aux interfaces. Pour des topographies peu rugueuses, elle a un effet majeur sur le comportement de mouillage, d'adsorption et d'adhésion sur la surface. Récemment, sa mesure a été utilisée de manière qualitative pour caractériser la qualité du greffage moléculaire sur un semi-conducteur [24;25;26]. On s'attend également à ce que la réactivité d'une surface avec des espèces ioniques ou des molécules non-saturées, soit influencée par son énergie de surface.

On peut accéder à la tension de surface d'un solide par différentes méthodes (microbalance ou calorimétrie d'immersion) mais la méthode la plus utilisée est celle de l'angle de contact formé par une goutte liquide à l'équilibre. Dans le cas d'une interface solide – liquide, le solide ne peut se déformer et subit une contrainte de cisaillement alors que la goutte liquide adopte une forme caractéristique de l'équilibre (Figure II.18).

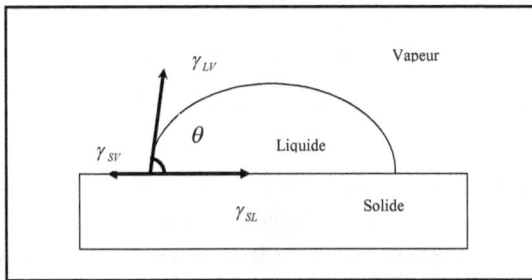

Figure II.18: Technique de mesure d'angle de contact

D'après l'équation de Young **[27]**, si on néglige les effets de la rugosité de la surface et les réactions chimiques à l'interface solide/liquide (SL), l'angle de contact θ à l'équilibre contient des informations sur la tension superficielle du solide et du liquide:

Equation II.27 : $\gamma_{LV} \cos \theta = \gamma_{SV} - \gamma_{SL}$

γ_{LV}, γ_{SV} et γ_{SL} étant respectivement les tensions interfaciales des interfaces liquide-vapeur, solide-vapeur et solide-liquide. Cette équation met en évidence l'équilibre entre les forces cohésives dans la goutte de liquide et les forces adhésives à l'interface solide-liquide.

Dans l'équation de Young **[27]** (**Equation II.27**), l'angle de contact θ et la tension γ_{LV} peuvent être mesurés. Il nous reste deux inconnues (γ_{SV} et γ_{SL}) avec une seule équation. Pour déterminer la tension superficielle γ_{SV}, il faut donc trouver la valeur de γ_{SL} ou bien la valeur du travail thermodynamique d'adhésion pour un solide et un liquide en contact

Equation II.28: $W_{SL} = (-\gamma_{SL} + \gamma_{SV} + \gamma_{LV}) = \gamma_{LV}(1 + \cos \theta)$

Plusieurs théories **[28]** basées sur des approximations semi-empiriques ont été développées pour évaluer l'énergie de surface en partant des mesures d'angle de contact à l'aide d'un ou plusieurs liquides. Fowkes introduit plusieurs composantes de la tension de surface **[29]** d'origines physiques différentes, pouvant inclure pour Van Oss, Chaudhury et Good **[30;31]** les propriétés acido-basiques de la surface. Une approche thermodynamique de type « équation d'état » a aussi été proposée par Neuman et Kwok **[32 ;33]**.

Pour Fowkes [29], l'énergie de surface γ_S^T est la somme d'une composante dispersive γ_S^{LW} et d'une composante non dispersive γ_S^P (composante polaire). Il suppose que seules les forces dispersives contribuent au travail d'adhésion $W_{SL} = 2\left[\gamma_S^{LW}.\gamma_L^{LW}\right]^{1/2}$, ce qui est raisonnable à condition qu'un des deux milieux soit non polaire (le solide ou le liquide). γ_S^{LW} est la composante dispersive de Lifshitz - van der Waals (LW) qui est liée à différentes interactions dipolaires, y compris les forces de dispersion (London), les forces d'orientation (Keesom) et les forces d'induction (Debye). Ces forces sont dues à des interactions à moyenne portée, alors que la composante polaire γ_S^P est due à des interactions à courte portée.

Certains modèles traitent les interactions dispersives (LW) et les interactions polaires (P) avec des règles similaires. Pour leur part, Van Oss et Good décrivent les interactions polaires par des interactions asymétriques reliées aux propriétés caractéristiques : donneur d'électrons (base de Lewis) et accepteur d'électrons (acide de Lewis) [30 ; 31].

On présente une comparaison entre différents modèles selon trois principes : (P$_1$) l'additivité du travail d'adhésion des forces dispersives et non dispersives, provenant d'origines physiques différentes [28;29;34], (P$_2$) la règle de moyenne géométrique pour la composante dispersive, (P$_3$) l'asymétrie dans le traitement de la composante acide-base.

a) Wu [35] propose la moyenne harmonique qui combine les composantes dispersive et polaire des énergies de surface du solide et du liquide :

Equation II.29 : $\gamma_{SL} = \gamma_{SV} + \gamma_{LV} - \dfrac{4\gamma_S^{LW}\gamma_L^{LW}}{\gamma_S^{LW} + \gamma_L^{LW}} - \dfrac{4\gamma_S^P\gamma_S^L}{\gamma_S^P + \gamma_L^P}$

Dans le but de calculer l'énergie de surface du solide $\gamma_S^T = \gamma_S^P + \gamma_S^{LW}$, il faut utiliser deux liquides dont les composantes de la tension de surface sont connues ($\gamma_L^T, \gamma_L^P, \gamma_L^{LW}$). A noter que ce modèle est compatible avec le principe (P$_1$), mais n'obéit pas aux deux autres principes.

b) Owens and Wendt **[36]** développent une règle de moyenne géométrique combinant les composantes dispersive et polaire des énergies de surface du solide et du liquide :

$$\text{Equation II.30}: \gamma_{SL} = \gamma_{SV} + \gamma_{LV} - 2\left[\gamma_S^{LW}\gamma_L^{LW}\right]^{1/2} - 2\left[\gamma_S^{P}\gamma_L^{P}\right]^{1/2}$$

De même que le modèle de Wu, deux liquides, avec des composantes de tension de surface connues, doivent être utilisés pour déterminer l'énergie de la surface étudiée. Ce modèle est compatible avec les deux premiers principes mais ne remplit pas les conditions du troisième.

c) Le modèle acide-base **[30;31;37]** attribue un aspect asymétrique à la composante non dispersive de type $\gamma_S^{AB} = 2\left[\gamma^+\gamma^-\right]^{1/2}$, γ^+ étant la composante acide de Lewis (accepteur d'électrons) et γ^- la composante base de Lewis (donneur d'électrons), ce qui conduit à :

$$\text{Equation II.31}: \gamma_{SL} = \gamma_{SV} + \gamma_{LV} - 2\left[\left(\gamma_S^{LW}\gamma_L^{LW}\right)^{1/2} + \left(\gamma_S^+\gamma_L^-\right)^{1/2} + \left(\gamma_S^-\gamma_L^+\right)^{1/2}\right]$$

Ce dernier modèle sera considéré tout le long de ce travail, parce qu'il est compatible avec les trois principes **(P₁), (P₂)** et **(P₃).** Ce modèle exige de travailler avec trois liquides. Un liquide non polaire sert à déterminer γ_S^{LW} en utilisant l'équation d'angle de contact des liquides apolaires suivante :

$$\text{Equation II.32}: \quad \frac{1 + \cos\theta}{2} = \left[\frac{\gamma_S^{LW}}{\gamma_L^{LW}}\right]^{1/2}$$

Les deux autres liquides sont utilisés pour déterminer les valeurs de γ^+ et γ^-. Comme dans la littérature, on a considéré dans ce travail que les composantes acide et base de l'eau sont égales $\gamma_W^- = \gamma_W^+$ **[28;30;38]**.

II.3.B Mesures d'angle de contact

La mesure d'angle de contact rend compte de l'aptitude d'un liquide à s'étaler sur une surface par mouillabilité. La méthode consiste à mesurer l'angle de la tangente du profil d'une goutte déposée sur le substrat, avec la surface du substrat (Figure II.18). La goutte du liquide (volume ~ 1µL) est observée à l'aide d'une caméra CCD (Computer MLH10XC) et une lentille avec pouvoir de grandissement $10 \times$.

En supposant que la goutte a une forme sphérique, on déduit l'angle de contact θ à partir de la hauteur H et du rayon de contact R_B de la goutte avec la surface :

$$\text{Equation II.33} : \tan\left(\frac{\theta}{2}\right) = \frac{H}{R_B}$$

En mesurant directement (H) et ($2 R_B$) sur le moniteur, la précision sur le rapport $\frac{H}{R_B}$ est de $\pm$ 2%. A noter que la valeur d'angle de contact obtenue pour un liquide donné est la moyenne de trois mesures réalisées sur différentes zones de la surface l'échantillon avec une dispersion de $\pm$ 1°.

Pour cette dispersion en angle de contact, la barre d'erreur des valeurs des énergies de surface est estimée à $\pm$ 2mJ.m^{-2}, si les liquides sont convenablement choisis. Ce choix des liquides est guidé par les arguments présentés par Della Volpe *et al* **[28]**, tandis que leurs énergies de référence sont prises dans la référence **[30]**. Il est difficile d'évaluer les incertitudes liées aux erreurs commises sur ces grandeurs ($\gamma^{LW}, \gamma^+ \gamma^-$).

Dans cette étude, nous avons choisi de travailler avec 5 liquides pour minimiser l'impact des erreurs expérimentales. Les analyses sont réalisées avec deux liquides apolaires et trois liquides polaires (**Tableau II.2**). Les liquides polaires (eau, glycérol et formamide) sont choisis pour leur tension de surface assez élevée qui permet de travailler avec la majorité des matériaux. Les échantillons sont toujours rincés avec de l'acétone (qualité VLSI de Sigma-Adrich) avant chaque mesure, afin d'éliminer les contaminations de l'atmosphère (aérosols, hydrocarbures).

	γ^T	γ^D	γ^P	γ^{LW}	γ^+	γ^-
Eau	72.8	21.8	51.0	21.8	25.5	25.5
Glycérol (97%)	63.3	33.6	29.7	34.0	3.92	57.4
Formamide (99%)	57.3	28.0	29.3	39.0	2.28	39.6
Diiodométhane (99%)	50.8	50.4	0.38	50.8	0.0	0.0
1-Bromonaphtalène (97%)	44.4	44.4	0.0	44.4	0.0	0.0

Tableau II.2:Composantes de la tension de surface (en mJ.m^{-2}) des liquides de référence utilisés pour la mesure des angles de contact.

II.4 Conclusion

Ce chapitre a présenté les principales techniques de caractérisation des surfaces et des couches minces qui ont été utilisées dans ce travail de thèse. En ce qui concerne les techniques d'élaboration, elles seront exposées dans le chapitre III pour les couches minces de carbone amorphe, dans le chapitre IV pour ce qui concerne l'obtention des surfaces de silicium hydrogéné, et finalement dans le chapitre V pour ce qui est de la méthode de greffage en phase vapeur dans des conditions d'ultravide.

En ce qui concerne l'XPS, l'exploitation quantitative des spectres afin de déterminer les taux de couverture en molécules des surfaces fonctionnalisées est exposée dans le chapitre IV de manière complète, et utilisée systématiquement dans les autres chapitres. Si les techniques de caractérisation que j'ai exposées dans ce chapitre m'ont été toutes utiles et m'ont demandé une grande implication, l'XPS occupe une place particulière et c'est autour cette technique que j'ai développé un système pour réaliser des greffages de petites molécules par évaporation sous ultravide.

Références

[1] K. Siegbahn, C. Nordling, A. Fahlman, R. Nordberg, ESCA, Atomic Molecular and Solid State Structure Studied by Means of Electron Spectroscopy. Almquist and Wiksells, Uppsala (1967).

[2] A. Einstein, Ann. Physik 17 (1905) 132.

[3] V. Stolojan, in *Amorphous Carbon and its properties*; Silva, S.R.P., Ed.; EMIS Datareviews Series; INSPEC, 2002; N°29, p 83.

[4] C.D. Wagner, W.M. Riggs, L.E. Davis, J.F. Modular, " Handbook of X-Ray Photoelectron Spectroscopy" G.E. Muilenberg Editor.

[5] J.H. Scofield, J. Electron Spectrosc. 8 (1976) 129.

[6] P.M.A Sherwood, « Pratical Surface Analysis 2nd Ed., Auger and X-Ray Photoelctron Spectroscopy Vol 1 Eds D. Briggs and M.P. Seah, Wiley, New York (1990).

[7] R.F. Reilman, A. Mzezane, S.T. Manson, J. Electr. Spectr. and Rel. Phenom. 8 (1976) 389.

[8] D.A. Shirley, Phys. Rev. B5 (1972) 4709.

[9] T.Hausken, Compound semiconductors 7 (2001) 37-39.

[10] R. Dixon, Compound Semiconductors 7 (2001) 31-36.

[11] A. Rakovska, V. Berger, X. Marcadet, B. Vinter, G. Glastre, T. Oksenhendler, D. Kaplan, Appl. Phys. Lett. 77 (2000) 397-399.

[12] Bruker Advanced X-Ray Solutions, "Diffrac^{Plus} Leptos Analytical Software for XRD and XRR", User'manual.

[13] A.C. Ferrari, A. Libassi, B. K. Tanner, V. Stolojan, J. Yuan, L. M. Brown, S. E. Rodil, B. Kleinsorge, J. Robertson, Phys. Rev. B 62 (2000) 11089-11103.

[14] P. Patsalas, S. Kaziannis, C. Kosmidis, D. Papadimitriou, G. Abadias, G. A. Evangelakis, J. Appl. Phys. 101 (2007) 124903.

[15] M.R. Linford, P. Fenter, P.M. Eisenberger, C.E.D. Chidsey, J. Am. Chem. Soc. 117 (1995) 3145-3155.

[16] T.P. Russel, Mater. Science Rep. 5 (1990) 171-271.

[17] E.E. Fullerton, I.K Schuller, H. Vanderstraeten, Y. Brunynseraede, Phys. Rev. B 45 (1992) 9292.

[18] E.E. Fullerton, W. Cao, G. Thomas, I.K. Schuller, M.J. Carey, A.E. Berkowitz, Appl. Phys. Lett. 63 (1993) 482.

[19] J. Penfold, Rep. Prog. Phys. 64 (2001) 777-814.

[20] O. Durand, Habilitation à diriger des recherches, Université de Versailles Saint-Quentin-en-Yvelines (2005).

[21] H. Kiessig, Ann. Physik 10 (1931) 769.

[22] Klug and Alexander, X-ray diffraction procedures, New York, John Wiley and sons, London.

[23] C.H. Macgillavry, G.D. Rieck, K. Lonsdale, Atomic Scattering Factors, International table for X-ray crystallography, The Kynoch Press, Birmingham, England 1962.

[24] O. Seitz, T. Böcking, A. Salomon, J.J. Gooding, D. Cahen, Langmuir 22 (2006) 6915-6922.

[25] V.B. Engelkes, J.B. Beebe, C.D. Frisbie, J. Am. Chem. Soc. 126 (2004) 14287-14296

[26] A. Salomon, T. Boecking, C.K. Chan, F. Amy, O. Girshevitz, D. Cahen, A. Kahn, Phys. Rev. Lett. 95 (2005) 266807.

[27] T. Young, Philos, Trans. 95 (1805) 65.

[28] C. Della-Volpe, D. Maniglio, M. Brugnara, S. Siboni, M. Morra, J. Coll. Inter. Sci. 271 (2004) 434-453.

[29] F.M. Fowkes, J. Phys. Chem. 66 (1962) 382.

[30] C.J. van Oss, Interfacial Forces in Aqueous Media, Marcel Dekker, New York, 1994.

[31] C.J. van Oss, M.J.K. Chaudury, R.J. Good, Chem. Rev. 88 (1998) 927-941.
[32] D.Y. Kwok, A.W. Neumann, Colloids Surf. A 161 (2000) 31.
[33] D. Li, A.W. Neumann, Adv. Colloid Interface Sci. 39 (1992) 299.
[34] N.T. Correia, J.J. Moura Ramos, B.J.V. Saramago, J.C.G. Calado, J. Coll. Inter. Sci. 189 (1997) 361-369.
[35] S. Wu, J. Polym. Sci. C 34 (1971) 19-30.
[36] D.K. Owens, R.C. Wendt, J. Appl. Polym. Sci. 13 (1969) 1741-1747.
[37] C.J. van Oss, R.J. Good, M.K. Chaudury, J. Coll. Inter. Sci. 111 (1986) 378-390.
[38] B. Granqvist, M. Jam, J.B. Rosenholm, Colloids Surf. A 296 (2007) 248-263.

Chapitre III: Le Carbone amorphe (a-C) en couches minces

III.1 Introduction

Le carbone amorphe (a-C) est un matériau obtenu en couches minces par des techniques de dépôt sous vide. En 1971, Schmellenmeier [1] fût le premier à déposer des couches minces de carbone amorphe par faisceaux d'ions. Par la suite plusieurs techniques de croissance ont été développées et les plus utilisées sont le dépôt par faisceau d'ions, par ablation laser, par décomposition d'hydrocarbures gazeux dans un plasma, par pulvérisation ionique d'une cible solide ou encore par pulvérisation magnétron radiofréquence.

Les couches minces de carbone amorphe peuvent présenter d'excellentes propriétés mécaniques et optiques [2]. Ceci a permis d'utiliser les films de carbone dans plusieurs secteurs industriels comme les revêtements protectifs, les disques de mémoires magnétiques, les microsystèmes électromécaniques (MEMs) ou encore dans le secteur biomédical comme les prothèses.

Les principaux paramètres d'optimisation des couches (a-C) sont l'énergie des atomes de carbone ionisés qui participent au dépôt et la fraction d'hétéroatomes (H, N....) incorporés dans les couches.

La polyvalence du matériau carbone est due aux différentes hybridations sous lesquelles un atome de carbone peut exister. Le nombre de valence du carbone est égal à quatre. Il a donc besoin de quatre autres électrons pour former un octet. Ces quatre électrons sont répartis suivant la configuration électronique : $2s^2\ 2p_x^1\ 2p_y^1\ 2p_z^0$. Les orbitales 2s et 2p se combinent et peuvent former des orbitales moléculaires sp^3, sp^2 et sp **(Figure III.1)**.

Dans l'hybridation sp^3, les trois orbitales p et l'orbitale s forment quatre orbitales énergétiquement équivalentes. Elles sont alors impliquées dans des liaisons covalentes fortes appelées orbitales moléculaires σ avec d'autres atomes, ces liaisons forment un tétraèdre régulier. Dans l'hybridation sp^2, l'orbitale atomique 2s s'associe à deux orbitales 2p et donne trois orbitales sp^2 se situant dans un même plan et peuvent former des liaisons σ dans un plan Le quatrième électron se situe dans une orbitale $2p_z$ normale à ce plan. Il peut y avoir recouvrement entre orbitales voisines $2p_z$ pour former une liaison faible π, délocalisée. Dans

55

ce cas on parle alors de liaison double C=C. De même, pour la configuration sp, une orbitale 2s associée à une orbitale 2p donne deux orbitales sp le long de l'axe carbone-carbone pouvant former deux liaisons covalentes σ. Les deux autres électrons sont situés dans deux orbitales 2p, orthogonales à la direction x de la molécule. Chacune de ces orbitales se recouvre avec une autre orbitale voisine, p_y ou p_z, pour former deux liaisons faibles π.

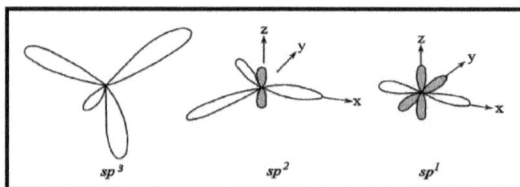

Figure III-1: Hybridations des orbitales de l'atome de Carbone [3]

Liaison	Hybridation	Nombre d'atomes liés	Angle de liaison	Longueur $(10^{-10}$ m)	Energie (KJ/mole)
C-C	sp^3	4	109.5°	1.54	15.1
C=C	sp^2	3	120°	1.41	26.7
C≡C	sp^1	2	180°	1.21	35.2

Tableau III.1: Caractéristiques des liaisons covalentes entre deux atomes de carbone [4]

Le diamant est entièrement composé d'atomes de carbone hybridés sp^3. Il possède une structure cubique à faces centrées à deux atomes par motif, c'est la structure cubique diamant, adoptée aussi par le silicium et le germanium (**Figure III.2**). Chaque atome de carbone est lié à quatre autres atomes de carbone par des liaisons covalentes σ. Le graphite est complètement formé d'atomes hybridés sp^2. Sa structure (**Figure III.3**) est constituée d'un empilement de plans de graphène, chaque plan étant constitué d'un pavage régulier d'hexagones en nid d'abeilles. Chaque atome de carbone est relié dans le plan des hexagones à trois atomes voisins par des liaisons covalentes σ, et partage son quatrième électron ($2p_z$) au sein d'une orbitale π délocalisée. Les plans du graphite sont liés entre eux par des liaisons faibles de type Van der Waals et sont séparés par une distance interplanaire élevée de 0.3354 nm.

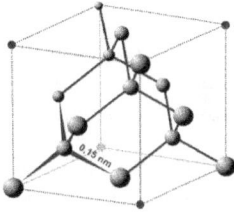

Figure III.2: La structure du diamant

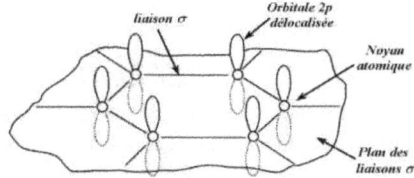

Figure III.3: La structure du graphite

Matériau	Dureté (GPa)	Sp^3 (%)	Energie de Gap (eV)	Densité (g/cm^3)	H (%)
DLC (diamond-like amorphous carbon)	20-40	40-60	0.8-4.0	1.8-3.0	20-40
ta-C (Tetrahedral amorphous carbon)	40-65	65-90	1.6-2.6	2.5-3.5	0-30
PLC (polymer-like amorphous carbon)	Soft	60-80	2.0-5.0	0.6-1.5	40-65
GLC (graphite-like amorphous carbon)	Soft	0-30	0.0-0.6	1.2-2.0	0-40
nca-C (nanocomposite amorphous carbon)	20-40	30-80	0.8-2.6	2.0-3.2	0-30
Diamant	100	100	5.5	3.52	0
Graphite	0	0	0	2.27	0

Tableau III.2:Propriétés physiques de différents types de films de carbone amorphe

Dans les couches minces amorphes, les contraintes de périodicité sont levées et des configurations métastables peuvent exister. Les couches a-C sont composées d'un mélange d'atomes de carbone hybridés sp^3 et d'atomes de carbone hybridés sp^2. Certains films peuvent contenir un pourcentage important d'hydrogène. Leurs propriétés physiques changent radicalement en fonction de la proportion sp^3/sp^2 et en fonction du pourcentage d'hydrogène. Ces propriétés varient entre les propriétés du diamant et celles du graphite comme le montre **le Tableau III.2 [1].**

Pour des fractions sp^2 faibles, les atomes de carbone hybridés sp^2 sont essentiellement incorporés au sein de liaisons doubles C=C. Pour des fractions sp^2 élevées, les atomes de carbone hybridés sp^2 peuvent s'organiser pour former des liaisons π conjuguées (chaînes oléfiniques, amas poly-aromatiques...).

Pendant cette thèse, j'ai travaillé sur des couches minces de carbone amorphe préparées par deux techniques différentes. Le dépôt par pulvérisation du graphite a été réalisé au Laboratoire de Physique de la Matière Condensée (Faculté des Sciences d'Amiens). Ce laboratoire maîtrise cette technique de dépôt et produit des films de carbone riches en atomes hybridés sp^2. Le dépôt par ablation laser d'une cible de graphite a été optimisé dans le cadre d'une collaboration avec le laboratoire Sciences Chimiques de Rennes pour produire des films de carbone amorphe riches en atomes hybridés sp^3.

Après avoir présenté ces deux procédés de dépôt, nous comparerons les surfaces des couches de carbone obtenues (contamination, densité, hybridation et énergie de surface) et nous décrirons les étapes conduisant à l'optimisation des couches **a-C (PL).**

III.2 Dépôt des couches minces par pulvérisation magnétron radiofréquence

III.2.A Technique de dépôt

La pulvérisation cathodique (ou sputtering) est une technique qui autorise la synthèse de matériaux en couches minces par condensation sur un substrat d'une vapeur issue d'une source solide (cible) **Figure III.4**). Le principe consiste à appliquer une différence de potentiel électrique entre la cible et le substrat. Cette différence de potentiel est continue ou alternative selon le type de matériau à déposer.

Le gaz (Argon) est introduit dans l'enceinte de dépôt et en appliquant une tension électrique, une décharge se produit, ionisant les atomes de gaz. Les ions positifs sont alors attirés par la cathode et viennent bombarder la cible de graphite dont les atomes sont éjectés et viennent se déposer sur un substrat placé en face de la cible. On peut ajouter à l'argon d'autres gaz (H_2, O_2, N_2...) dont les espèces ioniques ou radicalaires participent au dépôt ; on parle alors de pulvérisation réactive.

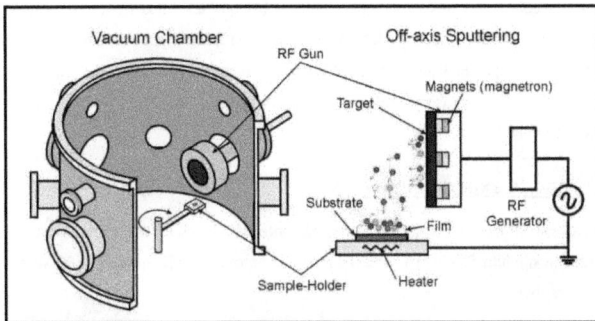

Figure III.4: Dispositif expérimental typique de dépôt par pulvérisation magnétron radiofréquence

Pour des cibles faiblement conductrices, les ions ne peuvent pas se décharger et créent une charge d'espace qui bloque la progression des ions vers la cathode et interrompt la pulvérisation. On utilise alors la pulvérisation radiofréquence pour éviter l'accumulation des charges. Dans ce procédé de pulvérisation, le signe de la polarisation anode-cathode change à la fréquence de 13.56 MHz.

Le porte-cibles est équipé d'un dispositif magnétron formé de plusieurs aimants de polarités alternées situés au-dessous de la cible. Ces aimants produisent des champs magnétiques permanents. En conséquence, les électrons suivent des trajectoires hélicoïdales. De ce fait, pour une pression fixée, leur probabilité d'entrer en collision avec les atomes de gaz augmente, ce qui accroît le nombre des ions près de la cible et la vitesse de dépôt ; ce dispositif permet de maintenir le plasma à une pression plus basse, ce qui conduit à une meilleure qualité de dépôt. Les principaux paramètres influant sur la qualité du dépôt sont la pression du gaz dans l'enceinte, la puissance électrique fournie au plasma (qui va aussi agir sur la vitesse de dépôt) et la température du substrat.

Cette technique est la plus utilisée dans l'industrie pour le dépôt des couches minces parce qu'elle offre l'opportunité d'obtenir des dépôts métalliques et non-métalliques. Elle permet aussi de réaliser des dépôts relativement homogènes sur de grandes surfaces [5].

En revanche, les films de carbone amorphe obtenus par cette technique sont moins durs (et possèdent des contraintes mécaniques plus faibles) [5] que les films riches en atomes hybridés sp^3 obtenus par d'autres procédés comme l'ablation laser. Certains efforts ont été faits par Schwan et al.[6] et Cuomo et al.[7] pour augmenter le pourcentage d'atomes hybridés sp^3 dans les films de carbone déposés par pulvérisation, mais la vitesse de dépôt devient alors très faible.

III.2.B Méthode expérimentale

Les couches minces de carbone amorphe ont été déposées sur des substrats monocristallins de silicium Si(111) par pulvérisation magnétron radiofréquence (13.56 MHz) d'une cible de graphite.

Les substrats subissent un processus de dégraissage qui consiste à traiter le substrat de silicium sous ultrasons dans trois bains successifs: trichloro-éthylène, acétone et méthanol. Après l'étape de nettoyage chimique, le substrat est introduit dans l'enceinte de dépôt où la pression résiduelle est de 10^{-5} Pa.

Le substrat est ensuite bombardé par un plasma d'argon pendant quinze minutes avec une puissance de 300 W et une pression de 3 Pa pour éliminer la couche d'oxyde natif sur le silicium. De même, la cible est décapée pendant une heure de la même façon pour enlever toute pollution de la cible.

Le dépôt des différentes couches est réalisé dans un mélange d'argon et d'hydrogène utilisé comme gaz réactif. Un pourcentage variable d'hydrogène est utilisé pour observer l'effet potentiel de l'hydrogène incorporé dans les couches a-C:H sur les propriétés des couches et sur l'efficacité du greffage. La concentration en volume d'hydrogène lié au carbone a été étudiée précédemment par des mesures de transmission infrarouge, pour des couches épaisses déposées sur silicium faiblement dopé [8].

La pression totale dans l'enceinte est de 1 Pa et le substrat est maintenu à température ambiante grâce à un système de refroidissement par circulation d'eau. Pendant le dépôt, les substrats sont reliés à la masse, la puissance radiofréquence RF appliquée à la cible peut être variée entre 10 W et 300 W ce qui conduit à une polarisation de la cible qui varie entre -60 V et -600 V. Dans cette étude la puissance RF utilisée a été fixée à 300W avec une polarisation de la cible de -540V. La distance entre la cible et le substrat est de 9 cm. Le dépôt dure 10 minutes, pour une épaisseur typique de 300 nm.

Afin de déterminer l'épaisseur d des couches déposées, l'indice de réfraction n et l'énergie de gap E_{04}, des mesures de transmission optique ont été réalisées avec un spectrophotomètre CARY 5E UV-Vis-NIR. Pour pouvoir travailler dans l'ultra-violet, le visible et l'infra rouge, les couches ont été déposées simultanément sur des substrats de verre et de quartz. Des mesures complémentaires par ellipsométrie spectroscopique (Uvisel, Horiba) ont été réalisées à l'Institut de Physique de Rennes, sur des couches déposées sur silicium cristallin.

Les couches a-C :H obtenues avec un mélange gazeux riches en hydrogène possèdent un indice de réfraction plus faible (n=2.06) qui est corrélé avec l'incorporation de l'hydrogène sous formes de liaisons C-H ; les mesures IR permettent d'estimer la concentration d'hydrogène en volume à 4-6 10^{21} atomes.cm^{-3} . Pour le plasma d'argon pur, les liaisons C-H sont à peine détectables par la technique IR, les couches a-C sont plus denses et l'indice est plus élevé (n=2.24). Des mesures AFM ont été réalisés sur ces couches, elles révèlent une faible rugosité de la surface de l'ordre de 0.5 nm, ce qui est avantageux pour le greffage de monocouches organiques de taille nanométrique [9].

Film de Carbone	Paramètre de pulvérisation	Propriétés du film		
Référence	Ar/H$_2$	d (nm)	Indice de réfraction (n) à 2eV	Energie de Gap E_{04}
KZ7 (a-C)	100/0	75		
KZ8 (a-C :H)	90/10	96		
KZ9 (a-C :H)	90/10	210	2.18	1.06
KZ11 (a-C)	100/0	306	2.24	1.11
KZ12 (a-C :H)	50/50	273	2.06	0.70
KZ14 (a-C)	100/0	80	2.22	0.70

Tableau III.3:Les paramètres de dépôt des films de carbone a-C (SP) et leurs propriétés

III.3 Dépôt des couches minces par ablation laser (PLD)

III.3.A Technique de dépôt

Le dépôt des couches minces de carbone amorphe par ablation laser pulsée est une technique qui s'est considérablement développée depuis une quinzaine d'années. Cette technique consiste à ablater une cible du matériau à déposer par un faisceau laser (UV, visible ou infrarouge). Cette ablation de la cible par le faisceau laser conduit à la formation d'un panache de plasma, formé d'électrons, d'ions et d'atomes neutres éjectés de la cible. La température électronique du plasma est très élevée (10^4-10^5 K) et les énergies cinétiques des ions d'ions peuvent varier dans une très large gamme (~ 10-1000 eV) qui dépend de la fluence du laser au niveau de la cible [10].

62

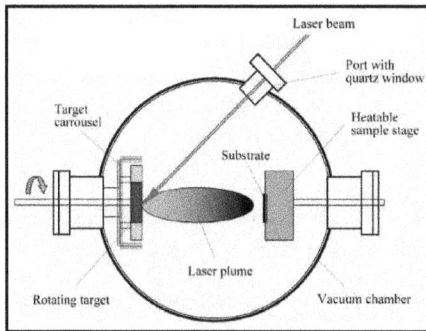

Figure III.5: Schéma typique d'un système de dépôt des couches minces par ablation laser

Les atomes et les ions éjectés se déposent sur un substrat placé en face de la cible. En fonction des conditions d'ablation et de l'état de surface (rugosité) de la cible, des agglomérats de carbone de plusieurs microns (escarbilles) peuvent être aussi éjectés de la cible ; ces particules sont néfastes pour la qualité et la reproductibilité du dépôt.

L'ablation laser pulsée (ou *Pulsed Laser Deposition*, PLD) est un procédé basé sur l'interaction rayonnement/matière. Une étude approfondie de l'interaction entre le faisceau laser et la cible révèle des mécanismes complexes qui ne sont pas encore complètement compris. On peut représenter l'interaction laser/cible et l'interaction laser/plasma à l'aide du schéma de la **(Figure III.6) [11].**

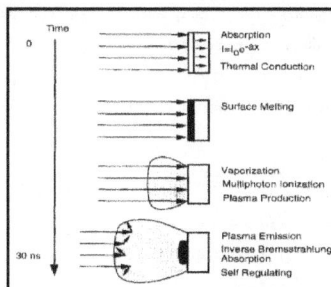

Figure III.6: Représentation des interactions laser/cible

Lorsque la durée d'impulsion est suffisamment longue (~ 30 ns), le panache d'espèces atomiques éjectées de la cible absorbe le rayonnement laser, ce qui contribue à augmenter l'énergie des espèces du plasma (électrons, ions et neutres). On trouve ainsi des énergies d'espèces excitées qui sont plus grandes en régime nano-seconde qu'en régime femto-seconde **[12;13]**.

L'évolution du laser a conduit à de nombreuses applications et notamment à une diversification du procédé de dépôt de couches minces par ablation laser.

La majorité des études sur le dépôt des couches minces (a-C) par ablation laser a été réalisée avec des lasers excimers (KrF, ArF, XeCl) ou encore des lasers YAG. En 1985, Marquardt *et al* **[14]** publient le premier article portant sur le dépôt des couches minces de carbone amorphe par ablation laser, à l'aide d'un laser (Q-Switched) YAG dopé au néodyme (λ=1064 nm) et focalisé sur une cible de graphite ou de carbone vitreux.

La densité de puissance dépend de l'énergie du pulse laser, de la durée du pulse et du diamètre du faisceau sur la cible. Le dépôt des films de carbone amorphe est le plus souvent réalisé par des lasers de durée d'impulsion nanoseconde (Δt = 1-40 ns). La densité de puissance du laser utilisée varie alors entre 10^8-10^{11} W/cm^2. Récemment, des études sur le dépôt des films de carbone amorphe par des lasers (Ti : saphir) femtoseconde (Δt = 100 fs) sont apparues **[15 ;16]**. La densité de puissance sur la cible peut alors atteindre 10^{14}-10^{15} W/cm^2.

On cherche souvent à minimiser la durée d'impact du laser pour éviter de chauffer la cible et minimiser l'éjection de particules ou de gouttelettes qui sont défavorables au dépôt. L'utilisation d'une fluence élevée et de lasers ayant une grande longueur d'onde tend à augmenter la densité de particules dans le plasma et à réduire la qualité des couches déposées **[17]**.

Pour le dépôt de carbone, la nature de la cible est importante. Les travaux réalisés à Limoges **[18 ;19]** ont montré qu'à fluence comparable, en régime nanoseconde, une cible de carbone vitreux produit moins de gouttelettes qu'une cible de graphite.

Dans la littérature, la croissance des couches minces (a-C) par ablation laser est généralement réalisée avec une cible de graphite et à des températures proche de l'ambiante. Au-dessus de 100°C, on constate que la couche déposée est plus graphitique **[20]**, ce qui peut être expliqué par une relaxation du matériau au cours de la croissance.

Le dépôt est le plus souvent réalisé sous ultravide. La présence de gaz non réactif dans l'enceinte réduit la vitesse des particules éjectées, et diminue donc l'énergie cinétique des ions C^+ impliqués dans la croissance de la couche.

La distance typique entre la cible et le substrat ne dépasse généralement pas 10 cm, parce que le flux diminue rapidement avec cette distance **[17]**.

Les films de carbone amorphe obtenus par ablation laser sont souvent nommés DLC (Diamond-Like Carbon). Ces couches DLC (Tableau II.2, p.55) sont non-hydrogénées avec une concentration élevée d'atomes de carbone hybridés sp^3. En conséquence, elles possèdent des propriétés plus proches du diamant **[10]** que du graphite. Ces propriétés se résument par une grande robustesse mécanique, une forte résistance électrique, une excellente inertie chimique et une bonne transparence optique.

Cette technique présente cependant l'inconvénient d'être très directionnelle, ce qui impose de travailler avec des échantillons de petites dimensions pour obtenir des surfaces et des épaisseurs homogènes.

III.3.B Dispositif Expérimental

Le bâti de dépôt des couches minces par ablation laser a été construit en 1990 dans le laboratoire Sciences Chimiques de Rennes.

III.3.B.i Le Laser excimer

Le dépôt des couches minces (a-C) a été réalisé à l'aide d'un laser pulsé excimer (KrF) de modèle (Tui Laser Excistar E20-248CT TV2.0). Ce laser émet une énergie de 250mJ par pulse avec une longueur d'onde λ=248 nm. La durée du pulse du laser est de 40 ns. La fréquence de tir laser peut être réglée entre 2 et 20 Hz.

La cavité du laser est de section rectangulaire de 10x15 mm². Sa divergence est de 1 mrd suivant l'horizontale et 2 mrd suivant la verticale.

Une lentille de silice fondue focalise ce faisceau sur la cible qui est orientée à 45° suivant l'axe horizontal.

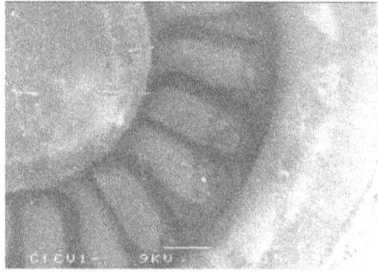

Figure III.7: Image (MEB) d'une cible qui a servi à plusieurs dépôts, elle montre une trace claire de plusieurs impacts du faisceau laser

III.3.B.ii   Enceinte de dépôt

L'enceinte de dépôt est une enceinte en acier inoxydable, de fabrication MECA 2000, spécifiquement adaptée aux besoins de ce type de croissance. Le substrat est fixé sur un porte-échantillon placé en face de la cible, à distance réglable. Dans le but de centrer la plume du laser sur le substrat pendant le dépôt, cette enceinte est équipée de manipulateurs sous vide, qui assurent les translations du porte-échantillon dans les trois directions XYZ et la rotation φ.

Le porte-cible, équipé d'un moteur électrique, permet la rotation de la cible (0.1 tour/s) pendant le dépôt ou le décapage. En réduisant l'usure locale de la cible, cette rotation permet de conserver une bonne focalisation au cours de l'ablation et de limiter son échauffement local, ce qui améliore la qualité du dépôt.

Le pompage de l'enceinte est réalisé à l'aide d'une pompe turbo-moléculaire Edwards (200 l/s) associé à une pompe primaire à palettes permettant d'atteindre une pression de base de 10^{-6} mbar.

III.3.C Procédure expérimentale

Les couches minces de carbone amorphe sont déposées sur des substrats de silicium (111) monocristallin. Avant le dépôt, ces substrats de silicium subissent trois bains successifs d'ultrasons (acétone, isopropanol et eau désionisée). Ensuite, les substrats sont séchés avec de l'azote sec. Certains de ces substrats ont subi des attaques dans un mélange « Piranha » puis dans une solution de NH_4F afin d'éliminer la couche d'oxyde natif et d'hydrogéner la surface de silicium (voir IV.2.A). Pour chaque dépôt, deux substrats de silicium de tailles 12×18 mm^2 sont collés sur le porte-échantillon avec de la laque d'argent, puis recuits dans un four sous air. Les substrats sont introduits dans l'enceinte et ensuite pompés pour atteindre une pression de 10^{-6} mbar avant le dépôt.

Une cible de carbone vitreux (HTW, Sigradur G) est utilisée pendant le dépôt pour éviter l'éjection des particules micrométriques qui sont en général très graphitiques. La cible est introduite en même temps que les substrats. Avant le dépôt, la cible est nettoyée pendant 5 minutes par ablation laser sous ultra vide. Un cache est placé en face d'elle pour éviter le dépôt sur le substrat. A noter que pendant le décapage et pendant le dépôt la cible tourne à 0.1 tour par seconde, soit 20 tirs par tour quand le laser émet à 2 Hz (**Figure III.7**).

Comme nous le verrons à la fin de ce chapitre, consacrée à l'optimisation du procédé du dépôt, au cours des premiers essais de dépôt, la cible était préalablement nettoyée par polissage mécanique à l'aide d'une pâte diamantée. Cette étape a été abandonnée par la suite à cause des poussières cristallines de diamant que nous avons observées par microscopie à balayage retrouvées sur la surface des échantillons déposés.

Nous avons travaillé avec différentes valeurs de l'énergie du pulse du laser (200 mJ et 120 mJ) en cherchant à obtenir le maximum d'atomes de carbone hybridés sp^3. La fréquence des tirs du laser a été fixée à 2 Hz. La distance entre la cible et le substrat a été fixée à 4 ou 6 cm. Les temps de croissance étaient de 10 ou de 30 minutes, avec une vitesse de dépôt typique de 0.03 nm par pulse.

Ces échantillons ont été caractérisés par spectroscopie de photoélectrons XPS, ellipsométrie spectroscopique (ES) et microscopie électronique à balayage (MEB). De plus une étude des énergies de surface de ces couches a été réalisée en analysant les mesures d'angle de contact.

III.4 Comparaison de la surface de couches minces a-C (PL) et a-C (SP) par spectroscopie XPS
III.4.A Analyses chimiques de la surface

Les mesures XPS sont réalisées principalement avec la source X non monochromatisée Mg Kα (1253.6 eV). Les spectres larges pris à la normale des échantillons de carbone amorphe (**Figure III.8**), exprimés en énergies de liaison (-800 eV$<E_L<$0 eV) sont pris avec un pas de 1 eV et une énergie de passage de 44 eV. Ils révèlent la présence d'une faible impureté d'azote (<0.5%) pour tous les échantillons préparés par ablation laser, notés **a-C (PL)** et pour certains échantillons préparés par pulvérisation. Ces échantillons sont notés **a-C (SP)** pour ceux préparées sans hydrogène comme gaz réactif et **a-C :H (SP)** pour ceux préparés avec de l'hydrogène comme gaz réactif. Ils révèlent aussi une légère oxydation de la surface des échantillons **a-C (PL)** (3-4.5%) et des échantillons **a-C (SP)** et **a-C :H (SP)** (7-9%). Cette différence résulte du fait que les couches minces **a-C (SP)** et **a-C :H (SP)** sont très riches en atome de carbone hybridés sp^2 ; elles sont donc plus réactives à l'air. De plus ces couches **a-C (SP)** et **a-C :H (SP)** (préparées à Amiens et transportées à Rennes dans une boite en acier inoxydable sous azote) ont été exposées à l'air plus longtemps que les couches **a-C (PL)** qui voient l'air juste quelques minutes avant d'être introduites sous ultravide.

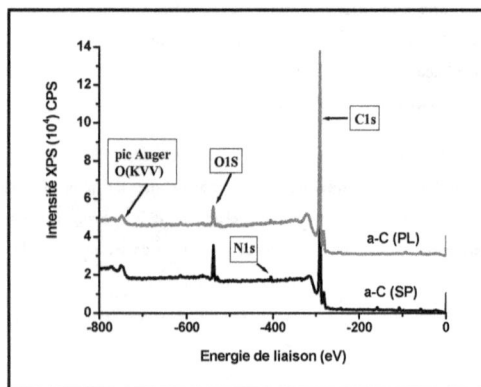

Figure III.8: Spectres larges des échantillons a-C (PL) et a-C (SP)

Le pourcentage des éléments présents au voisinage de la surface des couches minces de carbone amorphe est simplement calculé par l'**Equation II.1 et Equation II.2.**

Equation II.1: $\%O1s = \dfrac{I_{O1s}/\sigma_{O1s}}{I_{C1s}/\sigma_{C1s}+I_{O1s}/\sigma_{O1s}+I_{N1s}/\sigma_{N1s}}$

Equation II.2: $\%N1s = \dfrac{I_{N1s}/\sigma_{O1s}}{I_{C1s}/\sigma_{C1s}+I_{O1s}/\sigma_{O1s}+I_{N1s}/\sigma_{N1s}}$

où σ_{O1s} et σ_{N1s} sont les sections efficaces de photoionisation **[21]** à 1478 eV (pour la source Al Kα) en unités σ_{C1s} de 13,600 barns, et en unités σ_{C1s} de 22,200 barns à 1254 eV (pour la source Mg Kα). I_{O1s}, I_{N1s}, et I_{C1s} sont respectivement les aires sous les pics O1s, N1s et C1s après soustraction du fond continu de Shirley.

Je tiens à noter que les pourcentages d'oxygène et d'azote des échantillons **a-C (PL)** n'ont varié que très légèrement malgré les différents changements de paramètres de dépôt pour optimiser la qualité de surface et pour augmenter le pourcentage des atomes de carbone amorphe hybridés sp³. De même pour les échantillons **a-C (SP),** les différentes durées de dépôt et les différents mélanges d'argon et d'hydrogène utilisés comme gaz réactifs n'ont pas donné un effet considérable sur l'oxydation de surface.

Les mesures angulaires XPS augmentent la sensibilité relative à la surface. Elles permettent de déterminer si un élément ou une fonction se trouvent en surface ou en volume. Cet effet angulaire est dû au libre parcours moyen λ des électrons dans le matériau. Quatre-vingt pour cent de l'intensité du pic provient d'une profondeur 3 λ dans le solide. A un angle d'émission θ la profondeur verticale sondée dans l'échantillon est donnée par la relation suivante :

Equation III.3 : $d = 3\lambda\cos\theta$

Cette profondeur d est maximale lorsque $\theta = 0$, quand l'axe de l'analyseur est normal à la surface de l'échantillon. Plus on augmente θ plus d diminue et plus on devient sensible à la surface. Cet effet angulaire est valable pour les couches minces homogènes, planes et peu rugueuses. La **Figure III.9** montre que l'intensité du pic O1s augmente quand on passe de $\theta = 0$ à $\theta = 45°$. Ceci démontre la présence de l'oxydation en surface.

Par contre la **Figure III.10** montre deux pic N1s quasiment identiques à $\theta = 0$ et à $\theta = 45°$ ce qui permet de dire que l'azote est homogène dans le volume mesuré et ne se trouve pas qu'en surface. Ce léger pourcentage d'azote dans le volume mesuré de la couche mince peut être attribué à la présence de l'azote dans le réacteur de dépôt ou dans la cible utilisée pour le dépôt.

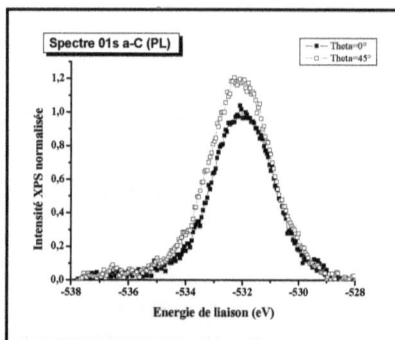

Figure III.9: Spectre O1s d'un échantillon déposé par ablation laser (Source Mg Kα, énergie de passage 22 eV), après soustraction de ligne de base et normalisation à l'intensité maximale (θ=0°)

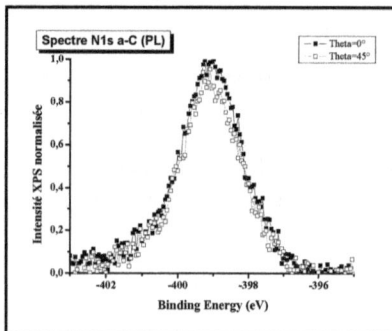

Figure III.10: Spectre O1s d'un échantillon déposé par ablation laser (Source Mg Kα, énergie de passage 22 eV), après soustraction de ligne de base et normalisation à l'intensité maximale (θ=0°)

III.4.B Estimation de la densité atomique des couches minces d'après le spectre des pertes plasmon

Nous utilisons les pertes d'énergie des photoélectrons C1s enregistrées sur les spectres XPS pour estimer la densité des couches de carbone amorphe au voisinage de la surface.

La (**Figure III.11**) présente les pertes inélastiques dues aux plasmons π et $\pi+\sigma$, normalisées à l'intensité maximale du pic élastique C1s, pour différents échantillons représentatifs des couches de carbone amorphe étudiées. Le pic du plasmon π est situé à ~ 6 eV du pic C1s, tandis que le maximum du plasmon $\pi+\sigma$ est situé entre 20 et 30 eV du pic C1s.

Le mécanisme de perte d'énergie des électrons de grande énergie est la création des plasmons de volume. Les pertes plasmon étant dues à l'excitation collective des électrons de valence du matériau, la position du pic plasmon $\pi+\sigma$ ($\hbar\omega_p$) par rapport au pic élastique C1s est déterminée par la densité électronique du volume de la couche [22 ;23]. Dans le cas des électrons libres dans un métal, l'énergie de plasmon $\hbar\omega_{p,0}$ est liée à la densité électronique de valence n_e par la relation suivante :

$$\textbf{Equation III.4 [23]} : \omega_{p,0}^2 = \frac{n_e e^2}{m_0 \varepsilon_0}$$

où n_e est la densité d'électrons de valence, ε_0 la permittivité du vide et m_0 la masse de l'électron libre. Connaissant le nombre de valence de l'atome, on peut déterminer la densité massique et la densité atomique de la couche mesurée.

Plusieurs facteurs peuvent affecter la détermination de l'énergie du plasmon $\hbar\omega_p$:

a) Dans la (**Figure III.11**), un fond inélastique – croissant avec l'énergie de perte – a été éliminé avec le logiciel commercial en considérant une section efficace donnée par la fonction universelle de Tougaard [24 ;25]. Ces pertes d'énergie proviennent des interactions multiples (électron-électron) que l'électron peut subir pendant son parcours entre son point de création et la surface de l'échantillon. Schäfer et al [26] ont montré que la position en énergie du maximum des pertes plasmon est plus élevée avant cette correction ; elle est de l'ordre de 2 eV dans le cas des couches minces de carbone amorphe, de 3.3 eV pour le diamant ($\hbar\omega = $ 34.5 eV, $\hbar\omega_{corr} = 31.2$ eV) et 1 eV pour le graphite ($\hbar\omega = 26$ eV, $\hbar\omega_{corr} = 25$ eV).

b) Pour les couches de carbone non greffées, nous avons vérifié que la forme et l'énergie maximale $\hbar\omega_{max}$ du spectre du plasmon π+σ dépendent peu de l'angle d'émission θ (entre 0° et 45°), ce qui indique que les contributions des plasmons de surface restent négligeables.

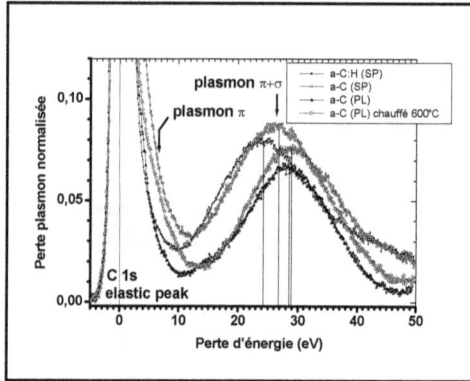

Figure III.11: Spectres de perte plasmon pour différents types de carbone amorphe (Source Mg Kα, énergie de passage 44 eV)

c) Le carbone n'est pas un métal et l'énergie maximale $\hbar\omega_{max}$ n'est pas identique à l'énergie de plasmon $\hbar\omega_p^0$. Il faut alors tenir compte du gap du semi-conducteur ou introduire une masse effective de l'électron, estimée à $\mathbf{m^*} = 0,87.\mathbf{m_0}$ par Ferrari et al [27].

L'intensité spectrale enregistrée est proportionnelle à la section efficace différentielle inélastique qui, dans la formulation diélectrique, s'écrit :

$$\text{Equation III.5 :} \quad \frac{\mathbf{d^2\sigma}}{\mathbf{dEd\Omega}} \approx \frac{1}{\pi^2.\mathbf{a_0}.\mathbf{m_0}.\mathbf{v^2}.\mathbf{n_a}}.\left[\frac{1}{\theta^2 + \theta_{\mathbf{E}}^2}\right].\mathbf{Im}\left(-\frac{1}{\varepsilon(\mathbf{q,E})}\right)$$

où : $\mathbf{m_0}$ est la masse au repos de l'électron,

$\mathbf{v}$ est la vitesse relativiste de l'électron rapide,

$\mathbf{n_a}$ est le nombre d'atomes par unité de volume,

$\mathbf{a_0}$ est le rayon de Bohr,

θ est l'angle de diffusion (entre le vecteur d'onde incident $\vec{k}_i$ et le vecteur d'onde sortant $\vec{k}_f$),

$\theta_E = \dfrac{E}{2.E_0}$ est l'angle caractéristique de diffusion (E est l'énergie perdue et E_0 est l'énergie incidente).

La fonction diélectrique est aussi dépendante du transfert d'impulsion $q = \left| \vec{k}_f - \vec{k}_i \right|$. Le terme $\mathbf{Im}\left(-\dfrac{1}{\varepsilon(\mathbf{q},\mathbf{E})} \right)$ est aussi appelé fonction de perte d'énergie. Lorsqu'on considère un comportement collectif des électrons dans le modèle du jellium (électrons quasiment libres), l'expression de la fonction de perte d'énergie devient :

$$\textbf{Equation III.6 : } \mathbf{Im}\left(-\frac{1}{\varepsilon(\mathbf{q},\mathbf{E})} \right) = \frac{\mathbf{E}.\mathbf{E_p}^2.\Delta\mathbf{E_p}}{\left(\mathbf{E}^2 - \mathbf{E_p}^2 \right)^2 + \left(\mathbf{E}.\Delta\mathbf{Ep} \right)^2}$$

où : $E_p = \hbar.\sqrt{\dfrac{n_e.e^2}{m^*.\varepsilon_0}}$ est la résonance plasma naturelle, $\mathbf{n_e}$ est le nombre d'électrons de valence par atome, $\mathbf{m^*} = 0{,}87.\mathbf{m_0}$ est la masse effective des électrons dans le carbone amorphe [27], et $\Delta\mathbf{E_p}$ est la largeur de résonance à mi-hauteur.

La fonction de perte d'énergie a son maximum non à $\mathbf{E_p}$, mais à :

$$\textbf{Equation III.7 : } \mathbf{E_{max}} = \sqrt{\mathbf{E_p}^2 - \left(\frac{\Delta\mathbf{E_p}}{2} \right)^2}$$

Schäfer et al [26] ont déterminé la densité des échantillons de carbone amorphe en traçant le graphe $\hbar\omega_p = f(n_e^{1/2})$ par une interpolation des données du diamant et du graphite. En suivant cette approche, les spectres de plasmons obtenus pour différents échantillons (**Figure II.11**) nous ont permis d'estimer la densité atomique des couches de carbone amorphe.

Pour les échantillons **a-C (PL)**, on trouve une énergie de plasmon $\hbar\omega_p$ de 28.4 eV et la densité correspondante est de 2.54 g.cm^{-3} donnant une densité atomique de 1.27×10^{23} cm^{-3}.

Les échantillons **a-C (SP)** préparés par pulvérisation avec l'argon seul comme gaz réactif, ont une énergie de plasmon de 26.8 eV, une densité de 2.26 g.cm^{-3} et une densité volumique de 1.13×10^{23} cm^{-3}. Tandis que les échantillons a-C :H sont caractérisés par une énergie de plasmon de 24.2 eV, une densité de 1.84 g.cm^{-3} et une densité volumique de 0.92×10^{23} cm^{-3}. Ces résultats sont en accord qualitatif avec les variations de l'indice de réfraction n (2 eV) mesurées par ellipsométrie (**Tableau III.3**).

III.4.C <u>Etude des hybridations sp^2 et sp^3 des atomes de carbone en surface avec la source monochromatisée</u>

Les mesures sont réalisées avec la source Al Kα monochromatisée avec une énergie de passage de 10 eV, un pas de 0.05 eV et un temps d'accumulation de 4 seconde par point. La source X, l'analyseur et les paramètres de mesures utilisés nous ont permis d'obtenir une résolution de 0.8 eV, qui est suffisante pour observer les deux pics correspondant aux hybridations sp^2 et sp^3 de l'atome de carbone. D'après Haerle **[28]** et Diaz **[29]** la distance entre ces deux pics est $\left(E_L(sp^3) - E_L(sp^2)\right) = 0.8 \pm 0.05$ eV. Après la soustraction du fond continu par la méthode de Shirley, le pic C1s est décomposé en deux pics dont chacun a le profil d'une fonction de Voigt (avec α~50%). Après optimisation des ajustements sur de nombreux spectres, la distance entre les deux pics est fixée à 0.8±0.05 eV, et leur largeur fixée à 1.0±0.1 eV.

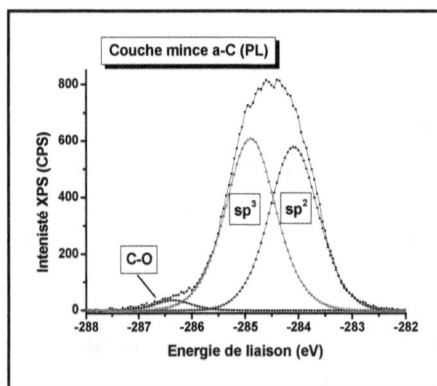

Figure III.12: Spectre C1s d'un échantillon a-C (PL) avec la source monochromatisée, le pourcentage des atomes de carbone hybridés est de 58%

Les graphes des (**Figure III.12**), (**Figure III.13**) et (**Figure III.14**) présentent respectivement la décomposition des spectres typiques C1s des échantillons **a-C (PL)**, **a-C (SP)**, et **a-C :H (SP)**. Le rapport des intensités des pics sp^2 et sp^3 ($\dfrac{I_{sp^3}}{I_{sp^3} + I_{sp^2}}$) révèle que le pourcentage en surface (profondeur de mesure d~3-5nm) des atomes de carbone hybridés sp^3 pour les échantillons **a-C (PL)** varie entre 52% et 67% en fonction des paramètres de dépôt. Pour les échantillons préparées par pulvérisation (**a-C (SP)** et **a-C :H (SP)**), ce pourcentage ne dépasse pas 18%. Ces pourcentages élevés des hybridations sp^3 pour les échantillons **a-C (PL)** sont en corrélation avec la densité atomique en surface importante trouvée pour ces échantillons. Ces résultats caractéristiques de la surface sont en bon accord avec les observations effectuées par Robertson **[5]** et Ferrari **[27]** sur le volume des couches minces de carbone amorphe.

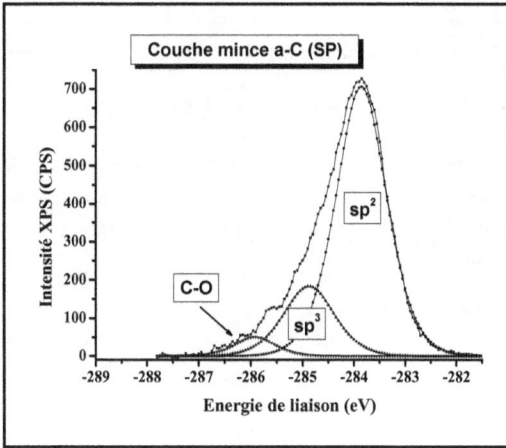

Figure III.13: Spectre C1s d'un échantillon a-C (SP) avec la source monochromatisée, le pourcentage des atomes de carbone hybridés sp^3 est de 13%

Intensité XPS (CPS)

800

600

400

200

0

sp²

C-O

sp³

-288 -287 -286 -285 -284 -283 -282

Energie de liaison (eV)

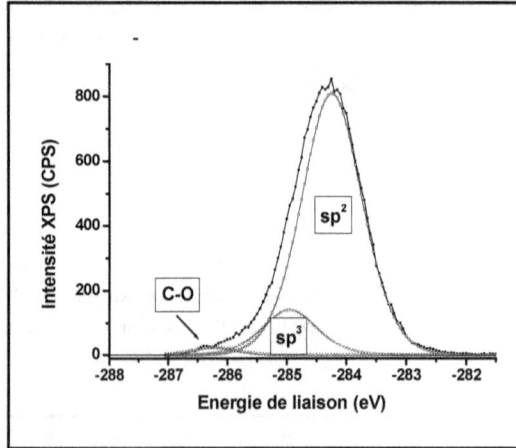

Figure III.14: Spectre C1s d'un échantillon a-C :H (SP) avec la source monochromatisée, le pourcentage des atomes de carbone hybridés sp³ est de 18%

Les mesures XPS par source monochromatisée nous ont permis d'optimiser la qualité des couches en cherchant à maximiser le pourcentage d'atomes de carbone hybridés sp^3. Ce pourcentage élevé d'atomes hybridés sp^3 permet à la couche mince de carbone amorphe d'avoir des caractéristiques proches des caractéristiques du diamant (robustesse mécanique, excellente inertie chimique, forte résistance électrique).

Davis **[30]** Robertson **[31 ;32]** ont proposé un mécanisme de sub-plantation (implantation des ions C^+ juste au-dessous de la surface de la couche a-C) pour décrire l'évolution de l'hybridation $\dfrac{sp^3}{sp^3 + sp^2}$ en fonction de l'énergie des ions. D'après ce modèle, il existe une énergie optimum qui maximise l'hybridation sp^3 : au-dessous de 50 eV les ions C^+ ne sont pas suffisamment implantés et au-dessus de 300 eV ils dissipent de l'énergie qui contribue à la relaxation vers la phase sp^2. Dans cet équilibre entre densification locale et relaxation, ce sont les énergies des ions de carbone qui déterminent le pourcentage d'atomes hybridés sp^3. L'énergie des impulsions laser est donc le paramètre crucial sur lequel on peut jouer pour optimiser le dépôt des couches minces de carbone amorphe **a-C (PL).**

76

A l'aide de l'observation de la cible au MEB (voir III.5), on estime la surface de l'impact laser et on en déduit la fluence qui est le rapport de l'énergie du pulse sur la surface, tout en considérant la perte par réflexion sur la lentille et la fenêtre de l'enceinte sous vide qui ne dépasse pas 20 %. Le **Tableau III.4** montre les résultats obtenus pour trois énergies de pulse utilisées pendant cette étude.

Energie du pulse laser (mJ)	200	150	120
Fluence (J/cm²)	9.7	7.3	5.8
$\dfrac{sp^3}{sp^3 + sp^2}$	60-67%	52-60%	45-49%

Tableau III.4: Valeurs maximales du rapport $\dfrac{sp^3}{sp^3 + sp^2}$ **en fonction de la fluence ; le dépôt à 120 mJ a été réalisé avec une cible de carbone vitreux CV non optimale**

D'après le **Tableau III.4**, le maximum des atomes hybridés sp^3 est obtenu pour une fluence de ~ 10 J/cm². Ce résultat semble en très bon accord avec les résultats obtenus par Mérel et al **[33]** qui ont étudié l'évolution du rapport $\dfrac{sp^3}{sp^3 + sp^2}$ en fonction de l'intensité incidente du pulse sur la cible (**Figure III.15 [33]**). Avec un laser excimer KrF (λ=248 nm) et des impulsions de l'ordre de 12 ns, cela donne un optimum pour une fluence de 20 J/cm².

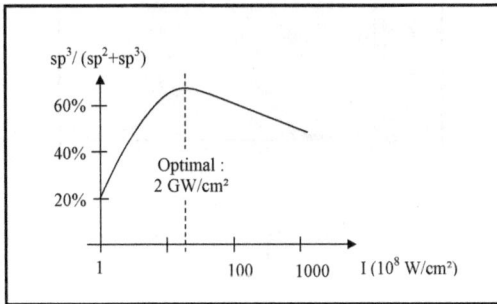

Figure III.15: Variation de la proportion $\dfrac{sp^3}{sp^3 + sp^2}$ **en fonction de la densité de puissance incidente**

III.4.D <u>Etude de la stabilité thermique du matériau a-C (PL)</u>

Un test de recuit thermique a été effectué sur un échantillon **a-C (PL)** dans le but d'étudier la stabilité du matériau à haute température. Dans la perspective de regarder l'effet direct du pourcentage des atomes de carbone hybridés sp[3] sur l'efficacité du greffage, un tel recuit à haute température (300°C-600°C) pourrait permettre de changer l'hybridation moyenne des atomes de carbone tout en gardant la même densité en surface.

Les échantillons sont chauffés sous ultravide (5.10[-9] mbar) par conduction, le porte-échantillon reposant sur un support comportant un filament chauffant. Les températures ont été calibrées par plusieurs méthodes : a) un thermocouple fixé à la surface de l'échantillon, b) le point de fusion de boules métalliques comme l'indium (T_{fusion}(In)=157°C) et l'étain (T_{fusion}(Sn)=232°C), c) un pyromètre pour les températures supérieures à 300°C. Pour toutes les températures utilisées durant ce test, l'échantillon est chauffé pendant 30 minutes à la puissance convenable pour amener l'échantillon à la température souhaitée, par la suite l'échantillon est gardé à cette température pendant 30 minutes supplémentaires.

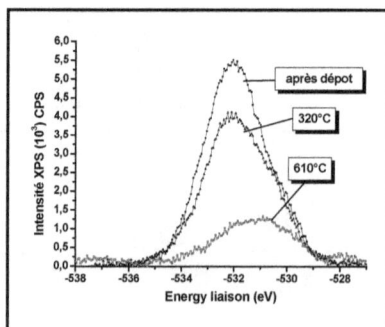

Figure III.16: Evolution de l'oxygène en surface de la couche a-C (PL) en fonction de la température de recuit sous UHV ; cet échantillon est déposé avec une énergie de pulse de 150 mJ.

78

Les mesures du spectre O1s avec la source non monochromatique Mg Kα révèlent qu'à partir de 320°C, l'oxygène commence à partir de la surface. Cet oxygène pourrait provenir d'une part de la fonction carboxylique COOH qui constitue une partie de l'oxydation de la surface du carbone amorphe **[34 ;35 ;36]**, et d'autre part de molécules contenant de l'oxygène simplement adsorbées sur la surface. La majeure partie de l'oxygène disparaît à 610°C ; elle peut être attribuée à la décomposition des fonctions phénol C-OH **[33]** et carbonyle C=O **[37]**.

La superposition des spectres C1s (**Figure III.17**) enregistrés en utilisant la source monochromatisée, montre que par un recuit thermique à 610°C on change complètement les hybridations des atomes de carbone. Les analyses réalisées sur cet échantillon montrent que le rapport $\dfrac{sp^3}{sp^3 + sp^2}$ passe de 0.50 pour T=25°C à 0.33 après recuits sous UHV à T=610°C. Ce changement commence légèrement à partir du chauffage de l'échantillon à T=270°C et continue à évoluer mais pas d'une façon considérable jusqu'à T=420°C (**Figure III.18**). Jusqu'à ce point, on remarque simplement un élargissement du pic sp^2 et un déplacement vers les énergies de liaison les plus basses en valeur absolue. A partir de 510°C, le pic sp^3 devient plus faible et le pic sp^2 s'intensifie et le décalage du pic C1s continue dans la même direction. Finalement, à 610°C on observe un changement considérable de l'hybridation qui coïncide avec le fort départ d'oxygène. La **Figure III.11** montre que l'énergie du plasmon de notre échantillon après le chauffage à 610°C est la même que pour l'échantillon non chauffé, donc la densité atomique n'a pas changé malgré ce recuit à haute température. Ce résultat nous permettra de regarder l'effet direct du pourcentage des atomes hybridés sp^3 sur l'efficacité du greffage des monocouches organiques sur les surfaces des couches minces de carbone amorphe.

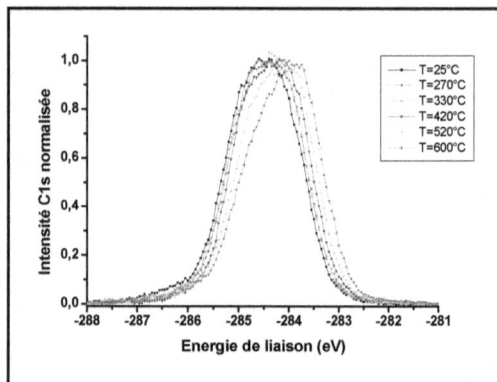

Figure III.17: Spectres C1s (avec Source X monochromatisée) en fonction de la
température de recuit sous UHV d'une couche a-C (PL)

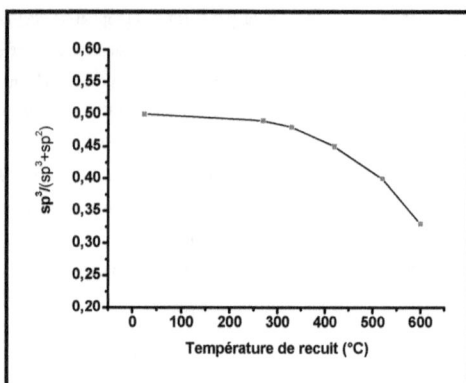

Figure III.18: Evolution du pourcentage des atomes de carbone hybridés sp³ en fonction de la
température de recuit sous UHV

III.4.E Etude des énergies de surface des couches minces de carbone amorphe (a-C)

Le **Tableau III**.5 présente une comparaison entre les énergies de surface calculées avec les trois modèles (voir II.4), pour différents matériaux.

On remarque que les valeurs obtenues par les modèles de van Oss et Owens-Wendt pour des surfaces virtuellement non polaires (Teflon et couche a-C greffée perfluoro-1-décène) sont identiques. Le modèle de van Oss conduit à des valeurs plus faibles dans le cas d'une forte composante acide-base (**a-C (PL)** et SiO_x/c-Si). Le modèle de Wu donne des valeurs systématiquement plus élevées ; la différence entre les valeurs obtenues par le modèle de Wu et le modèle Owens-Wendt est quasiment stable (4-6 $mJ.m^{-2}$).

La discussion qui va suivre se base sur le modèle de van Oss qui tient compte de la composante dispersive et des composantes asymétriques (acide de Lewis et base de Lewis).

Material	Modèle de Wu ($mJ\ m^{-2}$)	Modèle de Owens-Wendt ($mJ\ m^{-2}$)	Modèle de Van Oss ($mJ\ m^{-2}$)
Silicium (111) oxydé	64.7	59.5	49.4
a-SiN$_x$:H (plasma)	40.9	34.8	29.4
a-C (PL)	55.8	49.8	40.5
a-C (PL) greffé ester	50.2	45.5	45.0
Téflon	21.0	14.6	14.8

Tableau III.5: Tension de surface obtenue par différents modèles utilisant les mesures d'angle de contact (eau, glycérol, diiodo-méthane)

Le **Tableau III.6** indique les valeurs obtenues avec le modèle de van Oss sur les couches minces de carbone en utilisant deux liquides polaires (eau et glycérol) et un liquide non polaire (di-iodo-méthane). On indique aussi dans ce tableau le pourcentage des atomes de carbone hybridés sp^3 obtenu par XPS, pour essayer de trouver une corrélation entre les hybridations et la composante polaire ou la composante dispersive de l'énergie de surface. Les échantillons étudiés sont les couches de carbone amorphe déposées par ablation laser **a-C (PL)** et par sputtering **a-C (SP)** et un échantillon de carbone amorphe hydrogéné préparé par plasma, ainsi que deux références cristallines : une couche mince de diamant polycristallin (CSEM) et le graphite HOPG (Neyco). Les nitrures de carbone aCN$_x$ (sputtering) et aCN$_x$:H (plasma) ont été caractérisés pour tester l'influence éventuelle des impuretés N.

Echantillons de Carbone	Traitement de Surface	$\frac{sp^3}{(sp^2+sp^3)}$	γ^T totale	γ^{LW} dispersive	γ^{AB} acide-base	γ^+ acide	γ^- base
a-C (PL) (5)	aucun	0.48	40 - 42	40 - 41	< 1	< 0.02	12 - 19
a-C (PL)	Recuit 600°C	0.33	37	34	2.6	1.0	1.6
Plasma a-C:H (2)	aucun	0.88	44	38	6.0	< 1.2	9.5
Plasma a-CN$_x$:H (2)	aucun		43 – 46	39 - 40	4 – 6	0.6 – 1	9.5 - 11
a-C (SP)	aucun	0.18	46.0	43.8	< 2.2	< 1	1.3
a-C (SP)	Ar$^+$ (4.5 keV)	0.25	48.4	42.0	6.4	1.0	9.8
a-C:H (SP)	aucun	0.13	46.4	44.6	1.8	0.6	1.3
a-CN$_x$ (SP)	aucun		54	50.0	4.0	2.9	1.4
Graphite HOPG	aucun	0	37.5	37.4	< 0.1	< 0.01	2.5
μc-diamant (2)	aucun	0.99	44	44	< 1	1	< 0.02

Tableau III.6: Les valeurs des paramètres de la tension de surface (en mJ.m^{-2}) sont obtenues par des mesures d'angle de contact. Le nombre des échantillons qui correspond à chaque famille de carbone amorphe est indiqué entre parenthèses dans la première colonne

Nos conclusions sur ces mesures se résument par :

a)   L'énergie de surface totale γ_S^T est la plus faible pour les couches minces de carbone amorphe les plus denses (**a-C (PL)** : 40-42 mJ.m^{-2}) et la plus élevée pour des alliages carbone-azote (a-CN$_x$) déposés par pulvérisation.

b)   La composante dispersive γ_S^{LW} apparait plus petite pour les couches minces de carbone amorphe riches en atomes hybridés sp^3, comme les **a-C (PL)** ($\gamma_S^{LW} < 41 mJ.m^{-2}$), que pour les échantillons riches en atomes hybridés sp^2, comme les **a-C (SP)** (43.8 mJ.m^{-2}), **a-C:H (SP)** (44.6 mJ.m^{-2}) et **a-CN$_x$ (SP)** (50 mJ.m^{-2}). Cette tendance est inversée pour les échantillons cristallins, HOPG (37.4 mJ.m^{-2}) et diamant (44 mJ.m^{-2}). Cette composante γ_S^{LW} semble donc ne pas dépendre uniquement du pourcentage des atomes hybridés sp^3. Elle augmente légèrement avec l'augmentation du pourcentage d'hydrogène dans les couches minces **a-C :H (SP)**. Enfin, une corrélation apparaît entre la quantité d'oxygène de surface résiduelle obtenue en XPS et la valeur de γ_S^{LW}.

c)   La valeur de la composante acide de Lewis γ_S^+ est souvent proche de la barre d'erreurs sauf dans le cas des couches de nitrure de carbone où la composante accepteur d'électrons est responsable de leur forte tension de surface de type acide-base. La composante polaire γ_S^{AB} n'est donc déterminée de façon fiable que pour certaines surfaces pour lesquelles la composante acide de Lewis γ_S^+ est élevée : alliages a-CN$_x$ déposés par pulvérisation ou par plasma, **a-C (PL)** après recuit, **a-C (SP)** après bombardement Ar$^+$.

d)   La valeur de la composante base de Lewis γ_s^- est très faible pour toutes les couches minces riches en atomes de carbone hybridés sp^2 avec un minimum (1-2 mJ.m^{-2}) pour les échantillons a-C (SP) préparés par pulvérisation. Des valeurs intermédiaires (9.5 mJ.m^{-2}) apparaissent pour les échantillons préparés par plasma « Polymer Like Carbon PLC a-C:H », qui sont très riches en hydrogène et en atomes de carbone hybridés sp^3. Les valeurs les plus importantes (12-19 mJ.m^{-2}) caractérisent les couches minces **a-C (PL).** Cet aspect particulier des couches **a-C (PL)** se manifeste clairement dans la **Figure III.20**, où l'angle de contact obtenu par le liquide non polaire diiodo-méthane augmente d'une façon monotone en fonction du pourcentage d'atomes hybridés sp^3, tandis que celui obtenu avec l'eau (liquide polaire) est le plus faible pour les échantillons déposés par ablation laser **a-C (PL).**

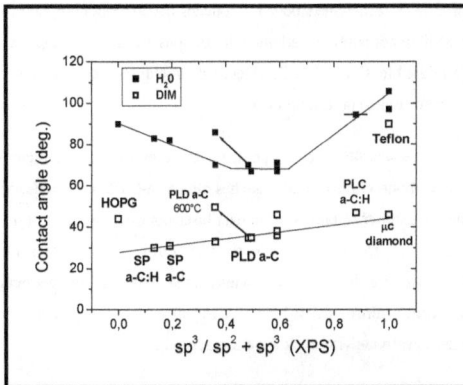

Figure III.19: Variation des valeurs d'angle de contact en fonction de l'hybridation moyenne des atomes de carbone à la surface de couches minces de carbone amorphe déposées par ablation laser et par pulvérisation

En conclusion, la plus grande mouillabilité avec l'eau obtenue pour les couches minces de carbone amorphe déposées par ablation laser **a-C(PL)** est attribuée à une valeur élevée de la composante γ_s^- (base de Lewis). La composante dispersive γ_s^{LW} est plus faible pour **a-C (PL)** que pour **a-C (SP)** et **a-C :H (SP).**

La corrélation apparente entre la quantité d'oxygène de surface résiduelle obtenue en XPS et la valeur de γ_S^{LW} reste à étudier plus précisément en termes de polarisabilité des liaisons C-O.

III.5 Optimisation de la PLD à l'aide des observations MEB

Pour éviter l'éjection d'escarbilles lors du procédé d'interaction laser – cible de carbone, nous nous sommes appuyés sur les résultats obtenus à l'Université de Limoges **[18 ;19]** qui démontrent que l'éjection des particules incandescentes commence à partir de 100J/cm² pour certaines cibles de carbone vitreux (Goodfellow) alors que pour les cibles de graphite, ce phénomène commence au-dessus de 10J/cm².

Etant donné les propriétés recherchées pour les couches de carbone amorphe (à savoir une faible rugosité et une faible porosité), le carbone vitreux nous a donc semblé un excellent candidat comme matériau de cible. Cependant l'influence de la nature et de la nanostructure du carbone vitreux n'a pas été étudiée précédemment.

L'observation MEB nous semble un choix pertinent et nécessaire pour caractériser la topographie de la cible de carbone vitreux et des couches minces a-C (PL). Ces observations nous permettent également d'estimer la taille de l'impact laser pour déterminer sa fluence et ensuite d'optimiser le dépôt en fonction de cette fluence. Enfin, nous verrons que ces observations permettent de visualiser les effets de la nature de la cible et de son nettoyage sur l'état de la surface des couches minces de carbone. Ce travail nous a finalement conduit à choisir une cible optimisée de carbone vitreux de type Sigradur G.

III.5.A Nettoyage de la cible

Dans une phase préliminaire destinée à définir les paramètres expérimentaux, la croissance par ablation laser a été réalisée avec une cible de carbone vitreux (notée CV1) dont la nanostructure s'est avérée non satisfaisante.

Ces premiers dépôts sur substrats de silicium cristallin (expériences de 30 minutes avec une fréquence de tirs de 2 Hz soit 3600 pulses / dépôt) ont conduit à des couches d'épaisseur $d \sim 100$ nm, ce qui nous a permis de vérifier que les énergies laser utilisées, entre 150 et 200 mJ, permettent de dépasser le seuil d'ablation du carbone vitreux.

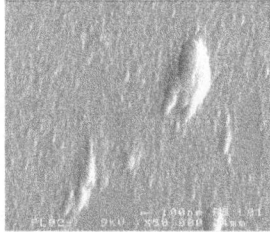

Figure III.20-a: Echantillon PLD-02 (cible CV1, beaucoup de gouttes de taille 30-100nm sur la surface.

Figure III.20-b: Echantillon PLD-02 (cible CV1, des particules de taille proche de 1μm

Entre le premier et le deuxième dépôt, aucun traitement n'a été appliqué à la cible. La topographie de la surface de l'échantillon *PLD-02* (**Figure III.20-a-b-c-d**) est alors catastrophique. Ces images révèlent la présence de nombreuses gouttes réparties sur toute la surface avec des tailles variant de 30 à 100 nm. On remarque aussi des particules de tailles proches de 1 μm, des impacts ayant l'apparence de boules de neige et des poussières qui masquent le dépôt (**Figure III.20c et d**) ;

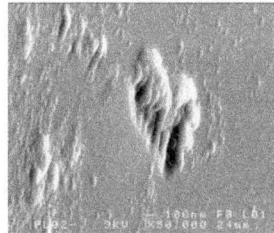

Figure III.20-c: Echantillon PLD-02, poussière qui masque le dépôt

Figure III.20-d: Echantillon PLD-02, impact de type « boule de neige »

Après ces premiers résultats, un traitement de la cible nous a semblé inévitable pour éliminer les poussières et les grosses particules qui viennent se déposer sur la surface. Par conséquent, avant le troisième dépôt *PLD-03*, la cible a subi un polissage par une pâte de diamant de 1 μm, suivi d'un décapage de la cible de 5 minutes par ablation laser *in situ* avec un cache permettant de protéger l'échantillon. La visualisation de la surface du *PLD-03* (**Figure III.21-a**) indique l'amélioration de l'état de surface obtenu après ce nettoyage.

On a toujours des gouttes et des grosses boules mais beaucoup moins denses sur la surface. En revanche, des poussières cristallines de taille micrométrique (**Figure III.21-b**) apparaissent sur la surface.

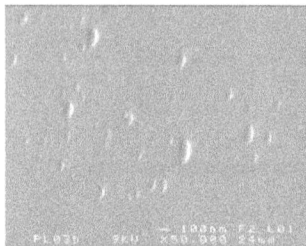

Figure III.21-a: Echantillon PLD-03, une faible densité de gouttes sur la surface

Figure III.21-b: Echantillon PLD-03, poussière cristalline

Après cette séquence de trois ablations (après l'échantillon *PLD-03*), une observation de la cible CV1 a été réalisée au MEB. On trouve des poussières cristallines (**Figure III.22-a**) identiques à celles trouvées sur la surface du *PLD-03*. Ceci met en cause le polissage de la cible par la pâte de diamant qui peut être à l'origine de ces poussières cristallines. Par la suite, l'ablation de la cible *in situ* est le seul traitement qui a été adopté pour tous les autres dépôts, et ces poussières cristallines ont disparu. En plus, des trous de taille micrométrique apparaissent sur la partie ablatée de la cible (**Figure III.22-b III.22-C**), ce qui peut expliquer la présence des grosses particules sur la surface des échantillons et les impacts de type « boules de neige ».

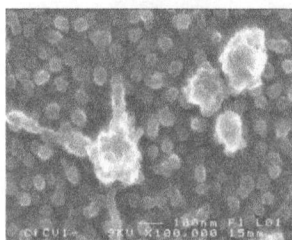

Figure III.22-a: Nanostructure de la cible CV1

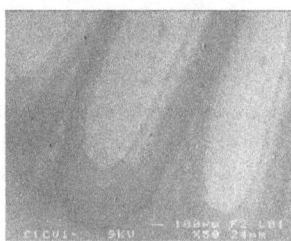

Figure III.22-b: Zone ablatée de la cible CV1

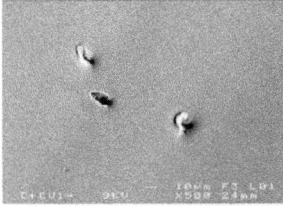

Figure III.22-c: Trous micrométriques dans la partie ablatée (cible CV1)

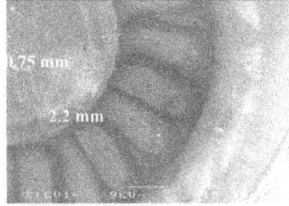

Figure III.22-d: Empreinte d'ablation laser sur la cible CV1

III.5.B Mesure de la fluence laser

La **Figure III.22-d** montre une succession d'empreintes du laser dans la zone ablatée de la cible (CV1). Elle permet de dire que l'impact du faisceau laser, sous incidence oblique de 45°, est inscrit dans un pétale de largeur $\delta x = 0.75$ mm et de longueur $\delta y = 2.2$ mm. Cette taille des empreintes d'ablation est identique pour la cible Sigradur G.

On suppose que les pertes par réflexion sur la lentille et la fenêtre de l'enceinte sous vide dont au plus de 20% ($T = 0,8$). La fluence résultante sur la cible est donc $F = T. E / \delta x. \delta y = 9.7$ J/cm² (avec énergie du pulse $E = 200$mJ).

Après cette estimation de fluence, nous avons essayé de réduire la fluence de l'impact laser jusqu'à 5.8 J/cm² en réduisant l'énergie du pulse jusqu'à 120 mJ, pour éviter l'éjection de particules incandescentes de la cible. On a pu ainsi diminuer le nombre de ces particules mais sans les éliminer complètement.

III.5.C Contraintes internes et préparation du substrat

Au cours des premiers dépôts et à cause du mauvais état de la cible, on a constaté que des poussières ont masqué la surface pendant le dépôt. Les observations au MEB nous ont permis d'estimer l'épaisseur de la couche et de la comparer avec les résultats obtenus en ellipsométrie. Pour l'échantillon de la (**Figure III.23**) on trouve 190 nm au MEB et 173 nm en ellipsométrie, ce qui est plutôt satisfaisant car l'écart ne dépasse pas 10 %.

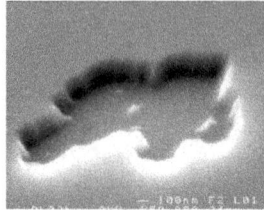

Figure III.23: Un trou dû à une poussière qui masque le dépôt et finit par s'en aller une fois l'échantillon sortie de l'enceinte et soufflé à l'azote sec.

Un autre problème majeur se présente sur ces échantillons, c'est le décollement de la couche déposée observé sur la **Figure III.24-a** qui est probablement dû à des contraintes assez importantes au sein de la couche de carbone.

Ces contraintes peuvent aussi se manifester sous forme de cloques en « fil de téléphone » (**Figure III.24-b**). Ce mode de relaxation des contraintes compressives dans les couches minces a été observé et modélisé **[18]** ; la relation entre la périodicité spatiale λ des oscillations du «fil de téléphone », l'épaisseur de la couche t_f et la contrainte σ, donnée par l'équation $\sigma = \dfrac{E 5 \pi^2 t_f^2}{(1 - \upsilon^2) 3 \lambda^2}$, avec E = 650 GPa (module d'Young typique du film de carbone) et $\upsilon = 0.1$ (coefficient de Poisson pour le diamant cristallin), conduit à une estimation de la contrainte σ = 0.3-0.6 GPa en compression.

En diminuant la fluence pour réduire le pourcentage des atomes de carbone hybridés sp[3] et ainsi réduire les contraintes **[38 ;39],** ce problème persiste mais il est moins fréquent. Nous avons également réduit l'épaisseur d'un facteur 3 et procédé à un nettoyage plus strict des substrats de silicium cristallin.

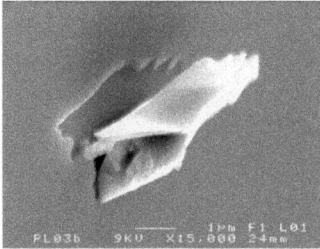

Figure III.24-a: Décollement d'une poussière sur la surface ; on observe l'effet de masquage du dépôt.

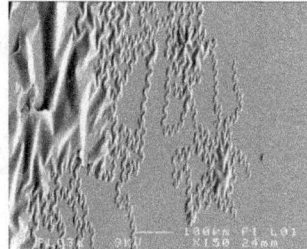

Figure III.24-b: délamination de la couche de carbone avec propagation d'une cloque en « fil de téléphone »

III.5.D Caractéristiques des couches a-C (PL) optimisées

Cette étape d'optimisation des conditions de nettoyage de la cible et de définition des paramètres de dépôt étant achevée, la cible qui a été sélectionnée pour la suite de ce travail est une cible de carbone vitreux de type « **Sigradur-G** » ayant subi un traitement thermique à 2200°C. La densité de la cible est de 1.42 g/cm^3, sa conductivité thermique est élevée (6.3 W.K^{-1}m^{-1}) et la pureté donnée par le fabricant (HTW, Hochtemperatur-Werkstoffe GmbH) dépasse 99%.

Le carbone vitreux SIGRADUR® est une forme très désordonnée du carbone dans laquelle les atomes de carbone sont hybridés sp^2 et organisés au sein de plans avec une symétrie hexagonale. Des cycles à 5 ou 7 atomes (pentagones, heptagones qui contribuent à courber les plans) sont dispersés au sein de cette matrice de cycles hexagonaux et limitent l'ordre à moyenne distance.

La **Figure III.25 [40]** montre une image de microscopie électronique en transmission (TEM) du carbone SIGRADUR® G. Les lamelles graphitiques qui le composent ne s'organisent pas en plans parallèles au-delà de 3 ou 4 couches et sont fortement courbées. Ce modèle structural explique pourquoi le carbone vitreux est dur et isotrope **[41]** et présente comme le verre un aspect lisse et brillant.

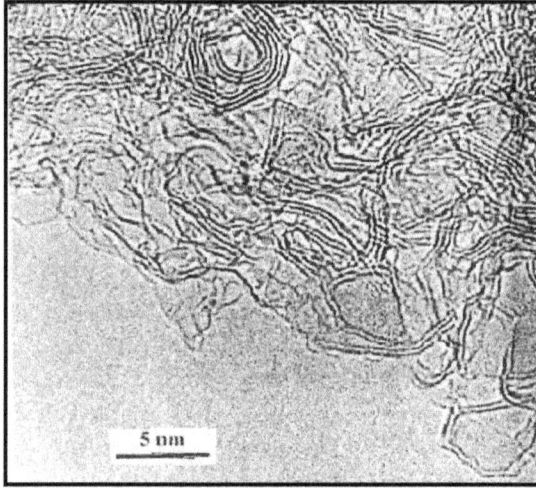

Figure III.25: Image TEM de la cible Sigradur G (HTW)

A l'échelle mésoscopique, l'image MEB (**Figure III.26**) montre qu'elle est formée de filaments de diamètre typique 30-50 nm organisés sous une forme compacte.

Son traitement se limite à un décapage par tirs laser à la fréquence de 2 Hz *in situ* pendant 5 minutes.

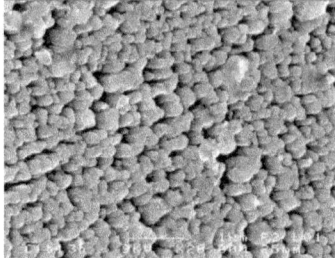

Figure III.26: Image MEB de la cible Sigradur G (HTW), zone non ablatée.

Le dépôt des couches dure 10 minutes (1200 pulses) ce qui donne des couches de 30-40 nm d'épaisseur (voir III.6) pour des énergies de pulse laser de 150 à 200 mJ.

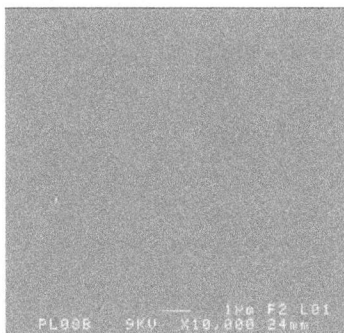

Figure III.27-a: Surface propre du a-C (PL) optimisé

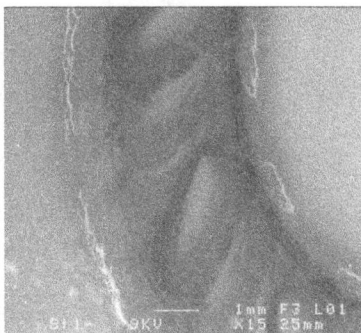

Figure III.27-b: Cible carbone vitreux Sigradur ablatée

Avec l'utilisation de cette cible et la nouvelle méthode de nettoyage, on obtient des surfaces exemptes des particules de contamination, exempte des poussières cristallines et exemptes aussi de cloques en «fil de téléphone». On constate également que la cible ne présente pas de trous sur sa zone ablatée.

Quelques gouttelettes de taille typique 30 nm subsistent sur la surface ; on peut estimer la surface relative occupée par ces gouttelettes à moins de 1%.

Ces observations MEB sont confirmées par l'imagerie AFM qui permet de quantifier la rugosité (en dehors de ces gouttelettes) à environ 0.3 nm (voir paragraphe III.6.B)

III.6 Densité et topographie des couches a-C (PL)
III.6.A Réflectométrie de rayons X (XRR)

La courbe de réflectivité spéculaire est mesurée en fonction de l'angle θ , variant entre 0 et 5° avec un pas de 0.005°. Une correction est appliquée pour les intensités obtenues aux faibles angles lorsque la taille du faisceau dépasse les dimensions de l'échantillon qui a une largeur de 12 mm est limitée par les conditions d'homogénéités du dépôt par ablation laser.

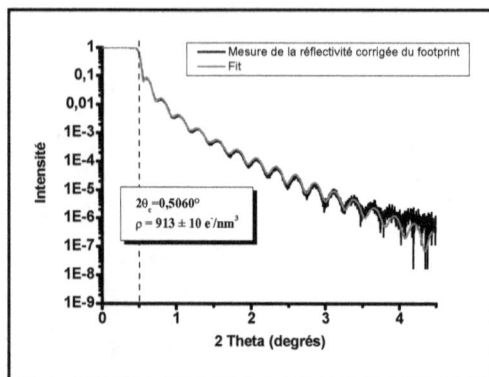

Figure III.28: Mesure et fit de la courbe de réflectivité d'un échantillon a-C
(PLD)

La **Figure III.28** montre une superposition parfaite entre la courbe expérimentale et le fit réalisé par le logiciel Leptos. Dans ce fit, on considère que l'échantillon **a-C (PL)** est composé de trois milieux (substrat Si (111), une couche d'oxyde natif de Si et la couche de carbone amorphe). Les paramètres qui figurent dans ce fit sont l'épaisseur, la rugosité et la densité volumique. Le substrat Si (111) est considérée comme une couche semi-infinie et sa densité est connue et fixée par le logiciel de même que pour la densité de l'oxyde natif de Si.

Les autres paramètres sont ajustés manuellement jusqu'à trouver le fit le plus proche de la courbe expérimentale, puis on lance un ajustement automatique qui permet d'obtenir la (**Figure III.28**) et les paramètres du fit qui sont dressés dans le tableau suivant :

Couche	Epaisseur (nm) ($\pm$ 0.2 nm)	Rugosité (nm) ($\pm$ 0.1 nm)	Densité (g.cm^{-3}) ($\pm$ 0.1 g.cm^{-3})
Carbone Amorphe	32.7	0.5	2.8
SiO$_2$	3.6	0.4	2.4
Si		0.2	2.32

Tableau III.7: Paramètres physiques ajusté la courbe de réflectivité spéculaire d'un échantillon a-C (PL).

D'après ce tableau, on remarque que nos couches minces de carbone amorphe sont assez denses (2.8 g.cm^{-3}). Ce résultat confirme l'estimation de la densité de la densité (2.54 g.cm^{-3}) obtenue à partir des pertes de plasmon sur les spectres XPS (voir III.4.B).

La surface du carbone amorphe **a-C (PL)** est très peu rugueuse (0.5 nm), ce qui présente un avantage pour le greffage de chaines moléculaires de taille nanométrique. Cette faible rugosité de la surface est aussi confirmée par des mesures AFM sur ces couches (voir III.6.B).

L'épaisseur de cette couche d'après le tableau est de 32.7 nm pour 10 minutes de durée de dépôt. Cette épaisseur est quasiment la même que celle trouvée en traçant la droite de l'équation suivante $m = tS' + \dfrac{\phi}{\lambda}$ (voir II.2.B.i) (**Equation II.22**)

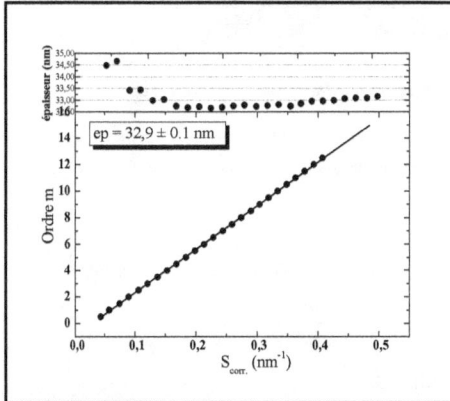

Figure III.29 : Mesure de l'épaisseur correspondant aux franges de Kiessig par le calcul de la pente de la droite définie par la relation $m = tS' + \dfrac{\phi}{\lambda}$. La partie supérieure du graphe montre les écarts, traduits en épaisseur entre la droite et les points de mesures.

III.6.B <u>Microscopie à force atomique (AFM)</u>

- **Mesures et calcul de la rugosité de la surface**

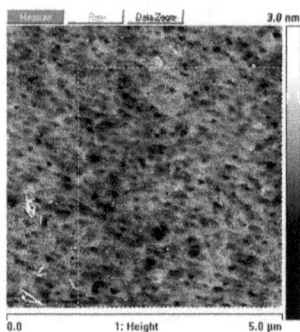

Figure III.30: Image AFM d'un échantillon a-C (PL)

Pour la mesure de la rugosité, la valeur a été déterminée en moyennant la valeur calculée sur une zone 1x1 μm^2 ne présentant pas de gouttelettes, caractéristiques du dépôt par ablation laser, à partir de deux images 5x5 μm.

La valeur de 0.3 nm est la rugosité rms, calculée par la formule : $R_q = \sqrt{\dfrac{\sum Z_i^2}{N}}$:

Z_i étant la déviation verticale pour N points de l'image.

III.7 <u>Conclusions</u>

D'après toutes les analyses de ce chapitre, on peut dire qu'on est face à deux matériaux complètement différents. Les couches minces déposées par ablation laser **a-C (PL)** sont riches en atomes hybridés sp^3 et plus denses que les couches minces déposées par pulvérisation **a-C (SP)** qui sont riches en atome hybridés sp^2.

A l'aide de la microscopie électronique à balayage MEB et après plusieurs essais de dépôt, les paramètres qui permettent d'obtenir des surfaces d'une extrême propreté ont été déterminés. Le choix de la cible de carbone vitreux est critique, pour éviter la contamination de la surface a-C par des particules sub-microniques et pour minimiser la densité des petites gouttelettes (~ 30 nm)

Les analyses quantitatives de photoémission XPS ont montré que les couches a-C (PL) déposées par ablation laser contiennent deux fois moins d'oxygène que les couches minces a-C (SP) déposées par pulvérisation. Le signal de l'oxygène présent dans les échantillons a-C (PL) représente 3 à 5 % du signal total mesuré en XPS, tandis qu'il représente 7 à 9 % dans le cas des échantillons a-C (SP).

Les études systématiques des hybridations sp^3 et sp^2 des atomes de carbone en surface avec la source X monochromatisée ont révélé que l'énergie de pulse laser optimum pour obtenir le maximum d'atomes de carbone hybridés sp^3 est de l'ordre de 200 mJ. Le rapport ($sp^3 / sp^2 + sp^3$) est alors de 60-67 %. Par ailleurs, ce rapport reste inférieur à 18% pour les échantillons a-C (SP).

Par un test de recuit sur un échantillon a-C (PL), on a démontré que ce matériau est stable thermiquement jusqu'à 450°C. A partir de cette température, on commence à observer une légère décroissance du pourcentage des atomes de carbone hybridés sp^3. Ce pourcentage passe de 50% avant recuit à 33% après recuit à T = 610°C après recuit. Ce changement est accompagné d'une forte décroissance de l'oxygène présent en surface qui alors ne dépasse pas 1%.

L'énergie de plasmon obtenue par spectroscopie de photoélectrons XPS et la réflectivité de rayons X ont permis de guider l'optimisation du dépôt en vue de synthétiser des couches de carbone amorphe denses et de très faible rugosité. L'énergie de plasmon au voisinage de la surface est un indicateur pertinent de la densité de surface du matériau carboné. Elle est plus élevée pour les couches obtenues par ablation laser (29 eV) que pour les couches déposées par pulvérisation (22-27 eV). On en déduit que la densité des couches a-C (PL) est de l'ordre de 2.54 g.cm^{-3}, et celle des couches a-C SP est de 2.26 g.cm^{-3}. Les mesures complémentaires de réflectivité de rayons X rasants (XRR) conduisent à une densité en volume élevée, de l'ordre de 2.85 g.cm^{-3}.

La topographie AFM et la réflectivité de rayons X donnent accès à la rugosité de la surface a-C avant greffage et de l'interface couche organique greffée / a-C. Celle-ci ne dépasse pas 0.5 nm, elle reste très inférieure à la longueur typique des molécules que nous y avons greffées (1.5-3 nm).

En conclusion, ce travail a donc permis à l'équipe de mettre en place les collaborations nécessaires à l'obtention de couches minces de carbone amorphe possédant des caractéristiques contrôlées. Le fait de disposer de moyens d'élaboration sur site et d'avoir une part active à leur mise au point est important pour pouvoir mener des études à long terme.

Références

[1] H. Schmellenmeier, Experimentelle Technik der Physik, 1 (1953) 49.
[2] S.R.P.Silva, EMIS Datareviews series N° 29 (2003).
[3] S. Prawer, Roussow, J. Appl. Phys. 63 (1988) 4435
[4] R.Prunet, « Structure de la matière chimique organique, Bordas Paris (1986) 56-60.
[5] J. Robertson, Mat. Sci. Eng. R **271** (2002) 1-153
[6] J. Schwan, S. Ulrich, H. Roth, S.R.P. Silva, J. Robertson, R. Samlenski, J. Appl. Phys. 79 (1996) 1416.
[7] J.J. Cuomo, J.P. Doyle, J. Bruely, J.C Liu, Appl. Phys. Lett. 58 (1991) 466.
[8] M. Clin, O.Durand-Drouhin, A. Zeinert, J.C. Picot, Diam. Relat. Mater. 8 (1998) 527-531.
[9] S. Ababou-Girard, F. Solal, B. Fabre, F. Alibart, C. Godet, J. Nano-Crystalline Solids 352 (2006) 2011-2014.
[10] F. Qian, V. Craciun, R.K. Singh, S.D. Dutta, P.P. Pronko, J. Appl. Phys. 86(1999) 2281-2290.
[11] J. Cheung, J. Horwitz, Mater. Res. Soc. Bull. 2 (1992) 30.
[12] B. Angleraud, F. Garrelie, F. Tétard, A. Catherinot, App. Surf. Sci. 138 (1997) 507-511.
[13] T. Katsuno, C. Godet, J.C. Orlianges, A.S. Loir, F. Garrelie, A. Catherinot, Appl. Phys. A: Materials Science & Processing, 81 (2005) 471-476.
[14] C.L. Marquardt, R.T. Williams, Mat. Research Soc. Symp. Proc. 38 (1985) 325.
[15] F. Qian, V. Craciul, R.K. Singh, S.D. Dutta, P.P. Pronko, J. Appl. Phys. 86 (1999) 2281-2290.
[16] A.S. Loir, F. Garrelie, C. Donnet, F. Rogemond, J.L. Subtil, B. Forest, M. Belin, P. Laporte, Surf. Coat. Technol. 188-189 (2004) 728-734.
[17] A.A. Voevodin, M.S. Donley, Surf. Coat. Tech. 82 (1996) 199-213.
[18] J.C. Orlianges, Thèse de doctorat de l'université de Limoges : 2003.
[19] J. C. Orlianges, C. Champeaux, A. Catherinot, Th. Merle, B. Angleraud, Thin Solid Films 1 (2004) 285-290.
[20] S. Bhargava, H.D. Bist, A.V. Narlikar, S.B. Samanta, J. Narayan, H.B. Triphati, J. Appl. Phys. 79 (1996) 1917.
[21] J.H. Scofield, J. Electron Spectrosc. 8 (1976) 129.
[22] P.Reinke, M.G. Garnier, P. Oelhafen, J. Electr. Spectr. Rel. Phen. 136 (2004) 239.
[23] H. Raether, Springer Tracts Mod. Phys. 88 (1980) 1.
[24] S. Tougaard, Surf. Interf. Anal. 11 (1988) 453-472.
[25] S. Tougaard, Surf. Interf. Anal. 25 (1997) 137-154.
[26] J. Schäfer, J. Ristein, R. Graupner, L. Ley, Phys. Rev. B 53 (1996) 7762.
[27] A. C. Ferrari, A. Libassi, B. K. Tanner, V. Stolojan, J. Yuan, L. M. Brown, S. E. Rodil, B. Kleinsorge, J. Robertson, Phys. Rev. B 62 (2000) 11089-11103.
[28] R. Haerle, E. Riedo, A. Pasquarello, A. Baldereschi, Phys. Rev. B **65** (2001) 45101.
[29] J. Diaz, G. Paolicelli , S. Ferre, F. Comib, Phys. Rev. B 54 (1996) 8064-8069.
[30] C.A. Davis, Thin Solid Films 226 (1993) 30.
[31] J. Robertson, Diam. Relat. Mat. 2 (1993) 984.

[32] J. Robertson, Diam. Relat. Mat. 3 (1994) 361

[33] P. Merel, M. Tabbal, M. Chaker, S. Moisa, J. Margotet, Appl. Surf. Sci. 136 (1998) 105

[34] Y. Otake, R.G. Jenkins, *Carbon* 31 (1993), p. 109.

[35] U. Zielke, K.J. Huttinger and W.P. Hoffman, *Carbon* 34 (1996), p. 983.

[36] Q.-L. Zhuang, T. Kyotany and A. Tomita, *Carbon* 32 (1994), p. 539.

[37] B. Marchon, J. Carrazza, H. Heinemann, G.A. Somorjai, *Carbon* 26 (1988), p. 507.

[38] N.A. Marks, Thèse de doctorat de l'université de Sydney-Australie, 1996.

[39] N.A. Marks, D. McKenzie, Phys. Rev. B 53 (1996) 4117.

[40] http://www.htw-germany.com/technology.php5?lang=en&nav0=2&nav1=15
Peter Harris, Fullerene-related structure of commercial glassy carbons

[41] A. Legendre, Le matériau carbone, Ed. Eyrolles.

Chapitre IV: <u>Fonctionnalisation du Si (111) par une monocouche organique : état de l'art</u>

IV.1 <u>Introduction</u>

La fonctionnalisation des surfaces des semi-conducteurs, massifs ou en couches minces, est un domaine en plein essor. Le silicium cristallin est le substrat d'élection pour ces études de modification de surface puisqu'il est omniprésent en micro-électronique (circuits intégrés et applications en informatique [1]).

Cette étude du greffage moléculaire de la surface du silicium cristallin sert de référence (en raison des nombreuses études validées sur cette surface) pour la modification des couches minces de carbone amorphe ; celles-ci sont très peu exploitées dans ce domaine malgré leur biocompatibilité et la robustesse qui peut résulter d'une liaison C-C entre la molécule et la surface du carbone amorphe.

L'oxydation de la surface du silicium fut le premier type de fonctionnalisation de ce semi-conducteur en 1960 [2]. Cette fonctionnalisation se caractérise par sa stabilité et sa synthèse relativement facile. Cependant, l'interface Si/SiO$_2$ est électriquement défectueuse et isolante ce qui peut causer un problème, si une connexion électrique est nécessaire dans le système. La taille des circuits intégrés pouvant désormais atteindre moins de 100 nm [3], le rapport des atomes en surface/volume est considérable, et de ce fait le contrôle de la surface devient critique. De même, ce contrôle de la surface du silicium est plus que critique pour aller vers d'autres types d'applications comme la technologie micro-array (génomique et protéomique), la technologie des capteurs biochimiques, la détection « lab-on-chip [4 ;5] », μ-TAS (Total Automated System), NEMS et MEMS (nano and microelectromechanical systems).

Les possibilités de synthèse en chimie organique et organométallique et le savoir-faire déjà établi en micro-fabrication des dispositifs électroniques, constituent l'idée de départ pour réaliser un greffage de monocouches moléculaires sur la surface du silicium à travers une liaison covalente Si-C. Cette liaison se caractérise par une stabilité thermodynamique et cinétique grâce à la robustesse de la liaison (énergie de liaison Si-C = 369 kJ/mol) et à sa faible polarité (2.5).

En 1993, Linford *et al* **[6 ;7]** présentent la première surface de silicium hydrogéné (Si :H) modifiée par une monocouche d'alcènes. Depuis cette publication, des réactions fascinantes ne cessent d'apparaître dans la littérature, en s'appuyant sur différentes méthodes de greffage et différents types de molécules qui forment des liaisons covalentes (Si-C, Si-N, et Si-O).

L'utilité de ces monocouches ne se résume pas à la modification de la surface, mais aussi à la manipulation ou à la mise en forme de nanomatériaux. Si on remplace la fonction de terminaison de la molécule par un nanomatériau, y compris un nano-cristal ou une biomolécule, ce dernier sera immobilisé sur une surface de Si modifiée par une monocouche, ce qui conduit à des nouvelles applications du type bio-puces ou mémoires moléculaires.

Pour l'ensemble de ces raisons, il est nécessaire d'étudier les différents procédés de greffage, ainsi que la surface de départ et son traitement, parce que les propriétés des couches moléculaires et leurs performances vont dépendre essentiellement de ces deux aspects. Par la suite, je présenterai les différentes méthodes étudiées dans la littérature et les traitements préalables nécessaires à ce greffage, et je les comparerai aux deux méthodes que nous avons utilisées.

IV.2 Précurseurs pour la modification de surface du silicium

La surface du silicium réagit rapidement avec l'oxygène, une fois exposée à l'air. Une couche très fine d'oxyde natif se forme à la surface. La chimie de cet oxyde est souvent mal contrôlée.

La modification de la surface du silicium par des monocouches organiques exige la préparation d'une surface métastable et reproductible. Celle-ci doit être suffisamment réactive vis-à-vis de la molécule que l'on souhaite greffer, tout en étant suffisamment stable au cours du procédé de préparation pour résister aux solvants, aux vapeurs chimiques et aux contaminants à pression atmosphérique.

Elément	self	H	C	O	F	Cl	Br	I
C	292-360	416		336	485	327	285	213
Si	210-250 (bulk)	323	369	368	582	391	310	234
	310-340 (di-silane)							
	105-126 (di-silène)							

Tableau IV.1 [8] : Energies de liaison (kJ.mol⁻¹) de différents éléments liés aux éléments du groupe (IV).

D'après le **Tableau IV**.1 **[8]**, la liaison Si-Si est la plus faible, ce qui explique l'oxydation rapide de la surface du silicium, par ailleurs la liaison Si-F est la plus robuste (582 kJ.mol^{-1}), pourtant elle a une polarité $^{\delta+}$Si-F$^{\delta-}$ très élevée, ce qui permet de substituer le silicium par une attaque nucléophilique. De même, le **Tableau IV**.1 révèle que l'hydrogène et les halogènes X (Cl ; Br ; I) peuvent être d'excellents candidats pour obtenir une surface métastable (Si : H, Si : X).

La surface Si:H passivée par l'hydrogène représente la surface de départ pour la majorité des études de greffage de monocouches réalisées sur Si. De plus, cette surface est le substrat de base pour les puces de silicium utilisées en micro-électronique **[9]**. Cette surface possède une excellente homogénéité chimique, avec plus de 99% de terminaisons Si-H, et cette surface est exempte d'oxygène. De plus, elle peut rester jusqu'à 10 min à l'air sans se dégrader **[8]**.

Un modèle de mécanisme de formation des surfaces de silicium hydrogénées a été proposé par Higashi, Chabal *et al.* **[10]**. Ce principe de l'hydrogénation du silicium consiste à éliminer la couche d'oxyde SiO$_2$ présente à la surface du silicium et à la remplacer par des atomes d'hydrogène. Sous l'action des ions fluor, la réaction avec l'acide fluorhydrique (HF) crée des liaisons Si-F qui sont fortement polaires. Cette polarité permet de casser des liaisons Si-Si et libère des atomes de silicium à la surface. L'hydrogène présent dans l'acide peut alors se lier au silicium.

Les surfaces de Si commercialisées ont des orientations suivant les plans (111) et (100). Ces surfaces sont recouvertes par une couche d'oxyde thermique **[9]** qui est obtenue par chauffage à 1000°C sous atmosphère d'oxygène sec après un dégraissage de la surface, ce qui offre une interface plane entre le silicium et la couche d'oxyde.

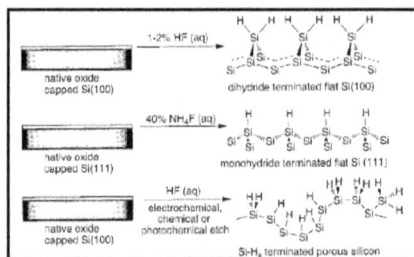

Figure IV.1: Méthodes d'hydrogénation de surfaces de silicium

Des méthodes rapides de passivation des surfaces en hydrogène (**Figure IV.1 [8]**) sont connues depuis une quinzaine d'années. Le traitement du substrat Si (100) par une solution aqueuse de HF (1-2%) conduit à une surface di-hydrure de silicium Si (100)=H$_2$ avec une rugosité de l'ordre du nanomètre **[10]**. Par contre, ce traitement HF sur une surface de Si (111) provoque des surfaces rugueuses et la résolution atomique en STM (scanning tunneling microscopy) est impossible à obtenir. De plus, les analyses en IR polarisé révèlent que la raie v Si(111) :H est large **[11]**, ce qui confirme l'imperfection de l'hydrogénation de surface **[10]**. Cependant, le traitement d'une surface de silicium par une solution aqueuse de NH$_4$F (40%), dégazée par un bullage d'argon, produit une surface saturée en monohydrure de silicium Si(111)-H qui est plane à l'échelle atomique avec une excellente homogénéité chimique révélée par la finesse de la raie vSi(111) :H **[10]**.

Des résultats de photoémission haute résolution ont été aussi publiés sur ce type de surface, mettant en évidence en particulier une limite supérieure à la largeur naturelle (3meV+10meV) des niveaux de cœur Si2p comparable aux valeurs obtenues sur des phases gazeuses de SiH$_4$ (45meV). Ceci révèle l'excellente homogénéité de ces surfaces et l'absence de toute contrainte (absence attendue du fait de l'absence de reconstruction) montre que la qualité de la surface influence pleinement la nature des informations obtenues par photoémission même si il s'agit de propriétés de volume **[12]**.

Les surfaces halogénées Si :X (avec X = Cl ; Br ; I) sont assez réactives, surtout avec les groupes –OH, d'où la nécessité de les conserver sous atmosphère inerte. En raison de cette réactivité, ces surfaces ont tendance à réagir avec les alcools et les amines à des températures inférieures à celle de surfaces hydrogénées. La majorité des surfaces halogénées sont préparées à partir de surfaces hydrogénées comme le montre la **Figure IV.2 [9]**. Cette étape de préparation supplémentaire n'apporte rien pour notre procédé de greffage ; nous avons donc travaillé avec des surfaces hydrogénées Si (111) :H.

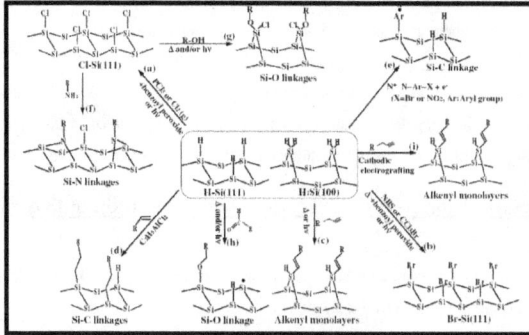

Figure IV.2: Schéma illustratif des différentes méthodes d'halogénation à partir d'une surface Si(111) :H ou Si(100) :H.

IV.2.A Hydrogénation de la surface du Si (111) :H

Pour pouvoir procéder à des greffages optimaux en phase liquide et en phase vapeur ainsi qu'à des mesures électriques fiables et reproductibles, il est nécessaire de préparer des surfaces Si (111) : H exemptes de toute contamination comme le carbone et l'oxygène qui peuvent provenir de l'air - avant l'introduction des échantillons sous ultravide - ou de la verrerie utilisée pour le procédé d'hydrogénation.

Le procédé expérimental comprend les 4 étapes suivantes qui sont détaillées en Annexe 3 :

1. Dégraissage du Si dans des solvants et rinçage (flacons en verre)

2. Passage du Si en solution Piranha (téflon)

3. Passage du Si en solution NH₄F (téflon)

4. Rinçage du Si dans l'eau ultra-pure (flacon en verre).

❖ *Passer l'échantillon de Si aux ultrasons* : la durée de chacun des 3 bains est de 10 minutes (acétone ou propanol, éthanol ou méthanol, eau ultra-pure).

❖ Prendre deux flacons décontaminés. Rincer le premier avec une solution NH₄F, puis le remplir avec une solution NH₄F (40%). Remplir le deuxième d'eau pure et dégazer les deux bains pendant 40 minutes en faisant buller de l'argon ou de l'azote.

❖ Pendant ce temps, l'échantillon de Si est nettoyé et oxydé chimiquement en le plongeant dans un flacon contenant une solution Piranha à 100°C pendant 30 minutes.

❖ Ensuite, avec la pince en Téflon décontaminée, plonger l'échantillon de Si dans la solution soigneusement dégazée de NH₄F pendant 20 minutes, puis (avec la pince en Téflon) rincer à l'eau ultra-pure (sortir l'arrivée de gaz du flacon en téflon) et sécher à l'azote sec.

IV.2.B Optimisation XPS du procédé d'hydrogénation utilisé

Les procédés d'hydrogénation du Si sont bien connus comme je l'ai indiqué au début de cette partie IV.2. Pour optimiser ce procédé au laboratoire, nous avons utilisé la spectroscopie XPS pour faire un certain nombre de contrôles et de tests que j'expose dans ce paragraphe.

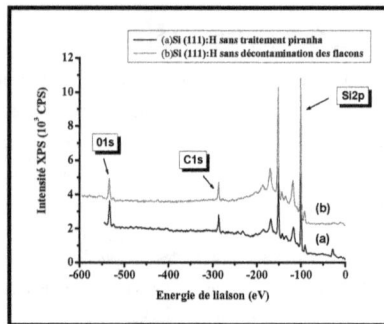

Figure IV.3: Spectres larges de surfaces Si (111) :H qui montrent des impuretés C et O en surface

Pour la préparation de la surface hydrogénée du Si (111), il est nécessaire de souligner l'importance de l'utilisation de la solution Piranha ; celle-ci est évitée par beaucoup de chercheurs à cause du grand risque que représente ce mélange chimique quand il entre en contact avec des éléments organiques. Les échantillons qui ont uniquement subi l'attaque NH₄F, présentent une pollution qui se manifeste en XPS par la présence de carbone et d'oxygène (**Figure IV.3**). On retrouve cette même pollution pour les échantillons qui ont subi l'étape de passage dans la solution Piranha 100°C pendant 20 minutes, mais en utilisant des flacons n'ayant subi ni rinçage ni décontamination dans la solution Piranha, ou bien des flacons n'ayant pas subi le nettoyage préalable avec le TDF4.

Il est remarquable de constater l'absence de la composante SiO_2 sur ces échantillons même en prenant des mesures XPS en émission rasante (**Figure IV.4**). Cette composante doit apparaître à 4 eV vers les énergies plus liantes par rapport au pic principal du Si2p. De plus, pour ne pas douter de la présence d'autres espèces oxydées du Si qui sont très difficiles à détecter avec cette résolution, on superpose les spectres résolus du Si2p pour un échantillon parfaitement propre et un autre pollué (**Figure IV.4**). Ces deux spectres sont identiques, ce qui indique que cette pollution n'est qu'une adsorption d'éléments chimiques (carbone ou oxygène) présents dans les flacons mal nettoyés ou même de la pollution résiduelle sur les surfaces non traitées par le mélange Piranha.

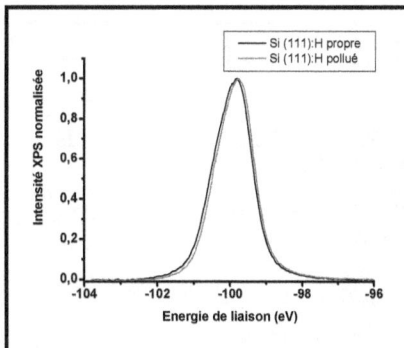

Figure IV.4: Spectres résolus Si 2p d'un échantillon Si :H propre et d'un autre pollué (mais non oxydé)

Le dégazage des solutions avant et pendant les différentes étapes chimiques est indispensable pour ne pas trouver d'oxygène sur la surface de nos échantillons. Un bon rinçage de l'échantillon après l'attaque NH_4F est aussi indispensable pour ne pas trouver de fluor sur la surface de l'échantillon.

Finalement, pour obtenir un Si (111) hydrogéné exempt de toute pollution comme le montre la (**Figure IV.5**), il faut respecter totalement le processus d'hydrogénation que nous avons décrit.

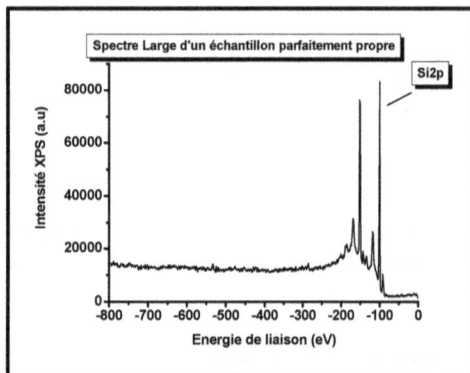

Figure IV.5: Spectre large d'un échantillon Si :H qui montre la présence du Silicium seul sans aucune présence de carbone ou d'oxygène

IV.3   Les méthodes de greffage des alcènes sur la surface du silicium

Avant d'aborder la description de nos conditions expérimentales, nous résumons ici les principales méthodes de greffage des alcènes sur la surface de Silicium.

IV.3.A Greffage thermique en phase liquide

En 1993, Linford présente une méthode innovante qui permet le greffage thermique covalent des alcènes sur la surface du Si (111) :H. D'après Linford **[6]**, cette hydrolysation de la surface est obtenue par une série de réactions des radicaux libres dans une solution pure d'alcène en présence du peroxyde de di-acyle (initiateur de radical) pendant une heure à 100°C. La liaison Si-C peut aussi se former dans une solution pure d'alcènes ou d'alcynes sans la présence de l'initiateur mais à une température supérieure à 150°C **[6 ;13]**. Les surfaces Si(100) hydrogénées réagissent de la même manière que les surfaces Si(111) hydrogénées, mais à une température de 200°C.

106

Les mesures de réflectivité de rayons X montrent que la couche d'alcènes greffée sur le Si (111) est de taille moléculaire [6], la spectroscopie infrarouge révèle une forte densité de couverture de la surface par les molécules et la technique du dichroïsme infrarouge indique que l'axe de la molécule fait un angle de 30-35° avec la normale à la surface. Les angles de contact élevés (108-110°) qui sont mesurés indiquent que la surface se termine par une fonction méthyle. Les alcynes présentent les mêmes caractéristiques de greffage que l'alcène sur le Si (111) en termes de qualité du greffage, de densité de couverture et d'inclinaison de la molécule par rapport à la surface [13]. Comme sur le Si (111), Sieval et al. [14] confirment un greffage covalent des monocouches alcènes et alcynes sur le Si (100) avec une bonne densité de couverture, en utilisant les mesures d'angles de contact, la réflectivité des rayons X et la spectroscopie infrarouge.

L'analyse infrarouge des surfaces Si (100) greffées thermiquement par des alcynes a montré que cette molécule forme deux liaisons Si-C avec la surface hydrogénée Si (100). Cette conclusion s'appuie sur l'absence de la vibration C=C après la fonctionnalisation de la surface. Des calculs de chimie quantique indiquent que la formation de ce type de liaison est favorisée par rapport aux liaisons simples Si-C de la molécule d'alcyne. Par contre, sur la surface Si (111) :H modifiée par des alcynes, la liaison Si-C=C est observée à 1595 cm^{-1} [14], ce qui est la signature d'une seule liaison covalente avec le Silicium.

A noter qu'en absence de l'initiateur, la température de 150°C utilisée pour le greffage est suffisante pour un clivage homolytique de la liaison Si-H et la création d'une liaison libre sur la surface du Si, qui réagit par la suite avec un radical alkyle [6].

IV.3.B Greffage photochimique

L'approche photochimique est très utile pour le greffage de molécules même pour des molécules insensibles aux sources de lumières. De nombreuses études ont montré que l'irradiation d'un échantillon Si (111) :H en présence d'une solution d'alcène, conduit à la formation d'une monocouche organique sur la surface Si (111) :H [15 ;16]. La densité de molécules en surface dépend de la longueur d'onde de la lumière utilisée. A l'aide d'une lampe mercure et avec une large fenêtre de longueur d'onde allant de 184.9 à 253.7 nm, un greffage covalent dense de 1-octadécène sur Si (111) a été obtenu après une heure d'expérience. Cependant, avec une longueur d'onde de 385 nm, le greffage nécessite une durée d'expérience pouvant aller jusqu'à 24 h et un chauffage de 50°C est nécessaire pour obtenir une densité de molécules importante [17]. L'importance de cette voie de fonctionnalisation réside dans sa courte durée et l'absence d'apport thermique qui peut être nuisible pour les applications de circuits intégrés.

De même des études de greffage photochimique de monocouches organiques sur Si (111) : H mais en phase vapeur ont été publiées pour la première fois par Eves et Lopinski [18]. Ils ont utilisé une lampe de mercure UV avec une longueur d'onde de 254 nm. Cette méthode présente l'avantage d'être complètement compatible avec le procédé de fabrication des semi-conducteurs sous vide, cependant elle reste limitée aux molécules qui présentent une pression de vapeur assez importante.

Par ailleurs, il existe d'autres procédés pour le greffage moléculaire sur les surfaces de Si, comme le greffage électrochimique, le greffage en présence de complexes métalliques et le greffage mécano-chimique. Ces différentes approches sont soigneusement décrites par Buriak [8]. Boukherroub [19] présente les différents procédés utilisés sur les surfaces de Si (111) :H et décrit les mécanismes de greffage.

IV.4   Greffage thermique en phase liquide

Le greffage thermique en phase liquide est appliqué simultanément sur les surfaces de silicium cristallin (111) et les surfaces de carbone amorphe. Il s'agit de valider le greffage moléculaire d'alcène sur nos couches de carbone amorphe et étudier le comportement des monocouches organiques par comparaison avec le silicium cristallin pris comme référence. Cette méthode, déjà utilisée par Bruno Fabre [20] sur les surfaces de Si (111), a représenté pour notre travail un point de départ pour entreprendre le greffage de l'undécylénate d'éthyle (alcène linéaire avec terminaison ester) sur le carbone amorphe.

Dans cette partie, je présente la méthode expérimentale de greffage et les études quantitatives des taux de greffage réalisées sur le Si (111) par photoémission XPS.

IV.4.A Méthode expérimentale

Partant de la surface hydrogénée Si (111) :H décrite au paragraphe IV.2, la première étape de fonctionnalisation est obtenue par réaction d'un alcène linéaire conduisant à une monocouche (**Figure IV.6 [21]**).

IV.4.A.i   Etape 1 : fonction Ester

La molécule utilisée est l'undécylénate d'éthyle ($CH_2=CH(CH_2)_8-COOC_2H_5$). L'avantage de cette molécule réside dans sa terminaison ester offrant une voie vers d'autres étapes de fonctionnalisation, par exemple pyridine ou ferrocène (voir étape 2). De plus, cette fonction ester a une signature spécifique en XPS.

L'undécylénate d'éthyle est passé dans une colonne d'alumine neutre et activée pour éliminer les résidus d'eau et de peroxydes. Après son hydrogénation, le Si (111) est directement transféré dans un tube de Pyrex Schlenk contenant 7-8 ml d'undécylénate d'éthyle (Aldrich, 97%) qui a été désoxygéné pendant 2 heures à 160°C. L'échantillon est maintenu à cette température toute une nuit pour assurer un bon taux de couverture de molécules sur la surface du Si (111) (**Figure IV.6 (i)**). Ensuite, la solution est amenée à une température de 40-45°C, l'échantillon modifié par la fonction ester est sorti du flacon, rincé copieusement par le dichlorométhane et l'éthanol absolu et finalement séché par jet d'azote, avant qu'il ne soit transféré dans une boite en acier inoxydable sous azote, puis enfin introduit sous ultravide pour le caractériser en XPS.

IV.4.A.ii   Etape 2 : fonction Ferrocène ou Pyridine

La fonction ester, présente sur l'extrémité de l'undécylénate d'éthyle, est d'abord convertie en acide carboxylique suivant la procédure adoptée par Strother *et al.* **[22]**. La surface fonctionnalisée par l'ester est trempée pendant 10 minutes (à température ambiante) dans une solution de ter-butoxide de potassium à 0.25 M dans le dimethylformamide DMF. Ensuite, elle est transférée dans une solution aqueuse de HCl (1 M) pendant 10 min et finalement elle est rincée dans l'eau ultra-pure.

La terminaison acide COOH est activée par le N-hydroxysuccinimide NHS, en plongeant l'échantillon dans un mélange fraîchement préparé d'une solution dégazée de EDC (1-Ethyl-3-[3-dimethylaminopropyl] carbodiimide Hydrochloride) à 0.2 M dans le DMF (2.5 mL) et une solution dégazée de NHS à 0.1 M dans le DMF (2.5 mL). Le mélange est purgé

109

avec un gaz inerte. Après deux heures et demie, l'échantillon est sorti, rincé avec le DMF puis séché par jet d'argon.

Ensuite, la surface est immédiatement utilisée pour substituer la fonction acide activée par une molécule amine (pyridine-amine ou ferrocène-amine) qui conduit à la fonction d'un groupement amide (O=C-N). Cette substitution est établie quand l'échantillon passe trois heures et demi dans une solution dégazée d'acétonitrile contenant 0.1 M de (4-aminométhyle) pyridine à température ambiante, ou quand il passe 3 heures dans une solution dégazée de dichlorométhane contenant 5.10^{-2} M de 2-Aminoethylferrocenylmethylether à température ambiante (**Figure IV.6 (iV)**). Finalement, l'échantillon subit le même rinçage que celui appliqué après la première étape.

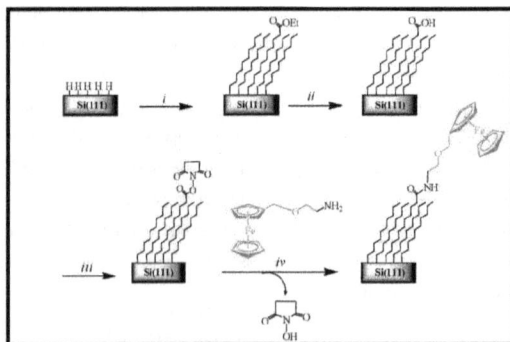

Figure IV.6: Greffage de la fonction ferrocène-amine sur la surface Si (111) :H [21]

IV.4.B Caractérisations XPS du Si (111) modifié par une fonction Ester ou Ferrocène ou Pyridine

Toutes les mesures sont effectuées avec une source X (Mg Kα). Les spectres larges sont enregistrés avec un seul passage, un pas en énergie de 1 eV, un temps d'accumulation par point de mesure de 0.5 sec et une énergie de passage de 44 eV. Les spectres résolus (C1s, O1s et Si 2p) sont enregistrés avec 3 passages, un pas en énergie de 0.05eV, une accumulation de 0.5 sec par point et une énergie de passage de 22 eV. Une partie de l'échantillon de Si(111) :H utilisé pour le greffage est analysée pour tenir compte de l'état de surface avant le greffage.

IV.4.B.i   Efficacité du greffage

La première constatation que l'on peut faire sur la (**Figure IV.7**) est l'apparition sur le spectre large des pics C1s et O1s après la première étape de greffage de la fonction ester, qui sont d'ailleurs les deux seuls éléments détectables dans la molécule d'undécylénate d'éthyle ($CH_2=CH(CH_2)_8-COOC_2H_5$). Le pic N1s est présent après la deuxième étape de greffage de la pyridine-amine ou du ferrocène-amine mais il très difficile de l'observer dans le cas du ferrocène-amine car il est fortement atténué par la fonction ferrocène. On observe la composante Fe 2p dans le cas du greffage de la fonction ferrocène-amine. Cette première observation des spectres larges (**Figure IV.7**) indique simplement la présence des molécules greffées pendant les différentes étapes, malgré le rinçage de la surface greffée par des solvants après chaque greffage pour éliminer toute molécule physisorbée.

Cette observation des spectres larges après les différentes étapes de greffage n'est pas suffisante pour juger de l'efficacité du greffage et de l'état de la surface. L'étude et la décomposition des différents pics de chaque élément chimique sont donc nécessaires pour essayer de déterminer les différentes fonctions présentes sur la surface.

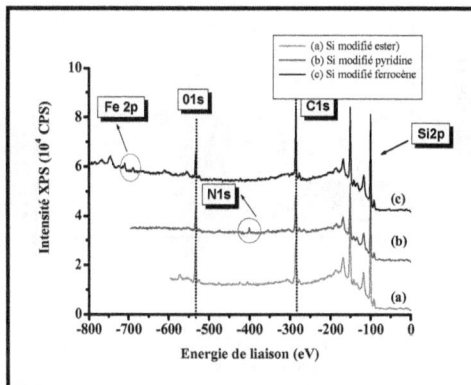

Figure IV.7: Spectres larges du Si après chaque étape de modification de la surface

La décomposition du spectre résolu C1s après la soustraction du fond continu (**Figure IV.8**), montre très clairement la présence de 3 composantes. La composante principale (C-C; C-H) se situe à 284.9 eV avec une largeur à mi hauteur de 1.8 eV. La deuxième représente la fonction carbonyle **C**=O et se trouve à 286.8 eV. La troisième à 289.3 eV est la fonction ester qui se situe à 4.4 eV du pic principal, vers les énergies plus liantes. La présence de ces 3 pics et le niveau de leur intensité sont cohérents avec la stœchiométrie de la molécule ce qui indique que le greffage concerne uniquement la molécule complète et que les impuretés (oxygène ou carbone) sont minoritaires. Une étude quantitative détaille ce point dans la partie suivante.

Finalement, la valeur absolue de l'intensité de la composante O=C-O augmente avec l'angle d'émission choisi en photoémission, ce qui est cohérent avec la présence de la fonction ester en extrémité de la chaine greffée sur la surface du Si (111) (voir partie VI.2.B.ii)

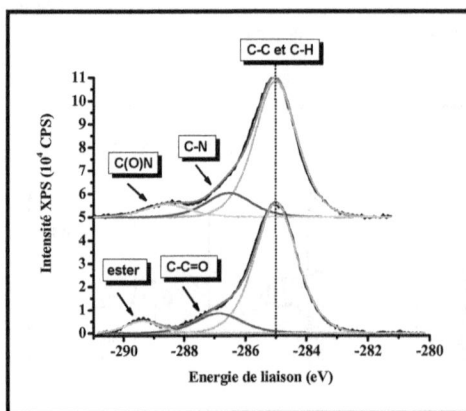

Figure IV.8: Spectres C1s avec leurs décompositions après le greffage de l'undécylénate d'éthyle et après le greffage de la pyridine-amine.

Par ailleurs, la décomposition du pic C1s (**Figure IV.8**), après le greffage de la pyridine-amine, révèle la disparition de la composante O-**C**=O qui correspond à la fonction ester. Le spectre résolu présente toujours trois composantes à 285 eV, 286.4 et 288.5 eV, qui peuvent être attribuées respectivement aux fonctions C-C et C-H, C-N et C(O)N.

De façon parallèle, le niveau N1s (**Figure IV.9**) qui apparaît après la deuxième étape du greffage, est constitué d'une seule composante à 400.3 eV qui représente la liaison N-C de l'amide et la liaison C-N-C présente dans le cycle aromatique (pyridine). L'absence de la composante N-O qui est attendue à des énergies de liaison plus élevées, élimine tout doute sur la présence des unités succinimide (C₄H₅NO₂) qui n'auraient pas réagi avec la fonction ester activée.

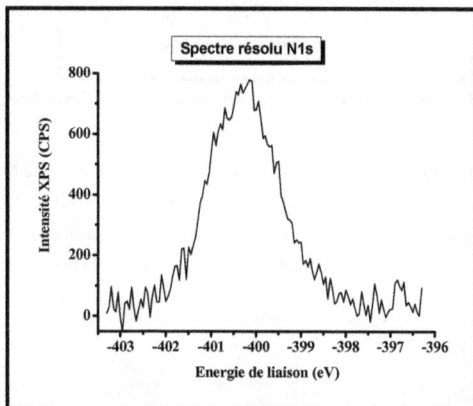

Figure IV. 9: Spectres N1s résolu sur l'échantillon Si greffé pyridine-amine

Après le greffage de la fonction ferrocène-amine, on arrive facilement à détecter les deux composantes Fe $2p^{1/2}$ et Fe $2p^{3/2}$ situées respectivement à 721 eV et 708.4 eV. Ces positions correspondent à celles trouvées dans d'autres études sur le ferrocène-amine [23 ;24].

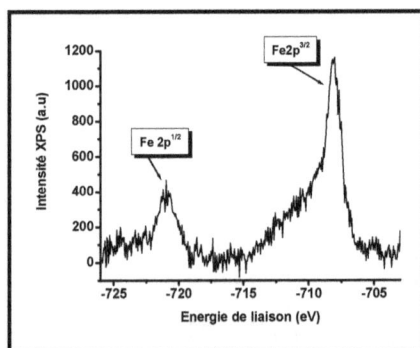

Figure IV.10: Spectre résolu Fe 2p sur l'échantillon Si greffé ferrocène-amine

Dans la (**Figure IV.11**), on remarque la décroissance de l'intensité du pic Si 2p après chaque étape de greffage, qui est simplement due à l'atténuation du signal par la molécule ajoutée. Il est important de remarquer l'absence de toute forme d'oxydation du silicium qui se traduirait par des composantes aux énergies plus liantes sur le spectre résolu de Si 2p.

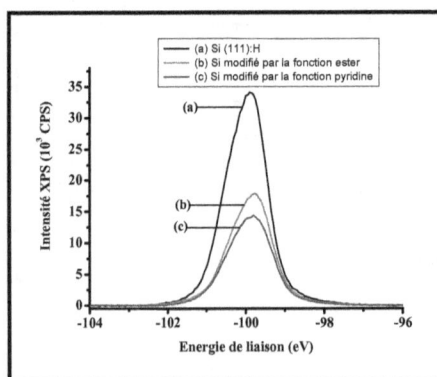

Figure IV.11: La superposition de 3 spectres Si 2p du silicium hydrogéné Si(111) :H, modifié par la fonction ester puis modifié par la fonction pyridine-amine

114

Cela indique que les procédé d'hydrogénation et de greffages utilisés sont parfaitement propres et ne causent aucune oxydation de la surface. Ceci est d'autant plus remarquable que, comme on le verra plus loin, seuls 40% des sites de silicium de la surface (111) sont greffés du fait de l'encombrement stérique des molécules entre elles.

IV.4.B.ii   Etudes quantitatives

a) Méthode de calcul de la densité de molécules greffées

La quantification des molécules greffées sur la surface permet l'optimisation des paramètres de greffage. Les mesures de voltampérométrie cyclique réalisées en électrochimie sont rapides mais restent qualitatives en ce qui concerne la densité de greffage **[25 ;26]**. La réflectivité des rayons-X est aussi une technique importante pour mesurer simultanément l'épaisseur d'une couche mince et la densité du matériau **[27]**. En l'absence de données sur leur indice de réfraction, l'ellipsométrie ne peut pas être considérée comme un moyen fiable de quantification des molécules greffées, surtout si on travaille avec une seule longueur d'onde **[6 ;7]**. Enfin, la spectroscopie de photoélectrons des rayons X reste la technique d'analyse de surface la plus sensible aux fonctions chimiques et à l'épaisseur de la couche mesurée.

Dans le calcul des taux de greffage, nous nous sommes servis systématiquement du graphite HOPG (Highly Ordered Pyrolytic Graphite) comme référence. Ce choix évite de devoir réaliser plusieurs mesures en fonction de l'angle d'émission pour obtenir un signal qui moyenne les effets de diffraction de photoélectrons. En effet, l'émission de photoélectrons présente des modulations angulaires quand on travaille sur des matériaux cristallins. Cet effet est beaucoup utilisé pour caractériser l'ordre local dans une structure cristalline de surface ou d'interface.

En particulier dans le cas du silicium (111), il y a un renforcement de l'émission à la normale du au phénomène de diffusion vers l'avant extrêmement renforcé par l'existence de 1er voisins dans la direction (111). Le graphite HOPG ne présente pas cet inconvénient (il n'y a pas de proche voisin dans la direction normale à la surface) et il est donc intéressant de l'utiliser comme référence. Nous disposons d'un échantillon d'HOPG qui reste dans la chambre d'analyse.

Nous avons montré que les résultats quantitatifs obtenus pour les surfaces greffées sur silicium par utilisation d'un signal moyenné du Si2p ou un signal issu du C1s sur HOPG sont identiques.

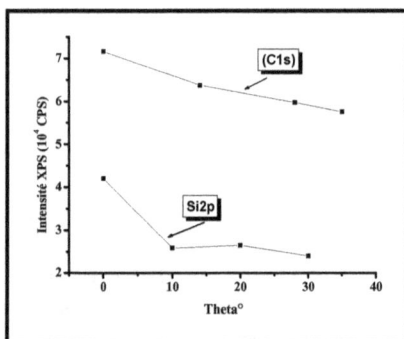

Figure IV.12: Variation angulaire de l'intensité du pic C1s de l'échantillon HOPG et Si 2p de l'échantillon Si (111) :H

Finalement, dans les études quantitatives du greffage sur les surfaces greffées de carbone amorphe l'utilisation du signal C1s sur HOPG permet de pallier la méconnaissance du nombre de sites disponibles à la surface comme nous le verrons dans la partie suivante.

La (**Figure IV .13**) montre le comportement angulaire du signal C1s du HOPG qui est monotone reflétant simplement un comportement de couche semi-infinie.

Pour prendre en compte les effets de libre parcours moyen sur les intensités XPS mesurées, considérons le cas général d'un élément chimique i qui se trouve dans un plan atomique d'une couche k . En supposant que l'éclairement par la source X ne dépend pas de θ et que l'absorption des photons X est négligeable sur une épaisseur de quelques λ, l'intensité XPS élémentaire pour un plan atomique situé à la cote z est la suivante :

Equation IV.1 : $\quad dI_i = K.\rho_i \dfrac{A_0}{\cos\theta} \sigma_i T(E_C;E_a).e^{\dfrac{-z}{\lambda_i^k \cos\theta}} dz$

Avec :

- K un terme dépendant de l'appareillage
- ρ_i la densité volumique de l'élément chimique i dans la couche k

116

- A_0 la section droite de l'aire analysée

- σ_i la section efficace de photo-ionisation : c'est la probabilité de produire un photoélectron. Elle dépend de l'atome et du niveau de cœur considéré.

- λ_i^k le libre parcours moyen du photoélectron dans la couche k

- $T(E_c, E_a)$ le facteur de transmission de l'analyseur

- θ l'angle entre la normale à l'échantillon et l'axe de l'analyseur

- z la cote où se situe l'élément i ionisé dans la couche

Le terme en exponentielle est un terme d'atténuation en fonction de la profondeur de l'élément étudié. Plus l'élément est enfoui profondément dans la couche, plus l'intensité du signal reçu par l'analyseur sera faible.

> Pour une couche homogène k d'épaisseur finie d, l'intensité totale est la somme sur le nombre de plans atomiques du signal de l'élément chimique i dans la couche. Cette intensité correspond à la surface du pic XPS d'un niveau de cœur donné de l'élément considéré et s'écrit sous la forme suivante :

Equation IV.2 : $\quad S_i^K = I_{0,i}^K \sum_{k=0}^{n} e^{\dfrac{-ka}{\lambda \cos\theta}} = I_{0,i}^K \times \left(\dfrac{1 - \exp(\dfrac{-(n+1)a}{\lambda_i^k \cos\theta})}{1 - \exp(\dfrac{-a}{\lambda_i^k \cos\theta})} \right)$

où $I_{0,i}^K = K.N_i \dfrac{A_0}{\cos\theta} \sigma_i T(E_C; E_a)$ correspond au signal de photoémission d'un plan non atténué, avec N_i concentration surfacique de l'élément chimique. La Longueur $a = \dfrac{d}{n}$ est la distance entre deux plans et n le nombre de plans de la couche d'épaisseur d.

Si la couche est située sous une autre couche homogène p d'épaisseur d_p, l'intensité totale est atténuée d'un facteur $\exp(\dfrac{-d_p}{\lambda_i^p})$. (cf. **Equation IV.15**)

117

Par conséquent, le signal du carbone (la composante principale) provenant d'une couche moléculaire greffée sur la surface de Si (111) s'écrit comme suit :

$$\text{Equation IV.3 :} \quad S_{C-C;C-H}^{mol\acute{e}cule} = I_{0,C1S}^{mol\acute{e}cule} \sum_{k=0}^{n} e^{\frac{-ka}{\lambda \cos\theta}} = I_{0,C1S}^{mol\acute{e}cule} \times \left(\frac{1 - \exp(\frac{-d_{mol\acute{e}cule}}{\lambda_{C1S}^{mol\acute{e}cule} \cos\theta})}{1 - \exp(\frac{-a}{\lambda_{C1s}^{mol\acute{e}cule} \cos\theta})} \right)$$

Par ailleurs, le signal du carbone attribué à la fonction carbone ester dans l'exemple du greffage de l'undécylénate d'éthyle, s'écrit de la façon suivante :

$$\text{Equation IV.4 :} \quad S_{COO}^{mol\acute{e}cule} = I_{0,C1S}^{mol\acute{e}cule} \exp(-\frac{d_{C_2H_5}}{\lambda_{C1S}^{mol\acute{e}cule}}) \approx I_{0,C1S}^{mol\acute{e}cule}$$

On néglige le terme $\exp(-\frac{d_{C_2H_5}}{\lambda_{C1S}^{mol\acute{e}cule}})$, sa valeur est estimée à 0.95.

Pour une couche homogène semi-infinie, l'intensité du signal sera une somme infinie sur tous les plans atomiques, ou bien une intégrale sur toute l'épaisseur de la couche :

$$\text{Equation IV.5 :} \quad S_i^K = I_{0,i}^K \sum_{k=0}^{\infty} e^{\frac{-ka}{\lambda \cos\theta}} = I_{0,i}^K \times \frac{1}{1 - \exp(\frac{-a}{\lambda_i^k \cos\theta})}$$

et si $a << \lambda_i^K$, le développement limité de l'exponentielle donne :

$$\text{Equation IV.6 :} \quad S_i^K = K.N_i \frac{A_0}{\cos\theta} \sigma_i T(E_C;E_a). \frac{\lambda_i^K \cos\theta}{a}$$

C'est le cas du graphite HOPG, dont le signal du niveau de cœur C1s s'écrit sous cette forme :

$$\text{Equation IV.7 :} \quad S_{C1s}^{HOPG} = K.N_{HOPG} \frac{A_0}{\cos\theta} \sigma_{C1s} T(E_C;E_a). \frac{\lambda_{C1s}^{HOPG} \cos\theta}{a_{HOPG}}$$

L'**Equation IV.4** et l'**Equation IV.3** nous permettent de calculer la densité de molécules en surface en nous appuyant sur deux signaux différents : le premier provenant du pic principal « C-C, C-H » et le deuxième provenant de la fonction ester O=C-O.

En prenant le rapport **Equation IV.4/ Equation IV.7**, on obtient :

Equation IV.8 :

$$\frac{S_{COO}^{mol\acute{e}cule}}{S_{C1s}^{HOPG}} = \frac{K.N_{mol\acute{e}cule}\dfrac{A_0}{\cos\theta}\sigma_{C1s}T(E_C;E_a).}{K.N_{HOPG}\dfrac{A_0}{\cos\theta}\sigma_{C1s}T(E_C;E_a).\dfrac{\lambda_{C1s}^{HOPG}\cos\theta}{a}} = \frac{N_{mol\acute{e}cule}}{N_{HOPG}}\times\frac{a}{\lambda_{C1s}^{HOPG}.\cos\theta}.$$

On a donc le taux de couverture des molécules en surface de l'échantillon (Méthode A) :

Equation IV.9 : $N_{mol\acute{e}cule} = N_{HOPG}\times\dfrac{S_{COO}^{mol\acute{e}cule}}{S_{C1s}^{HOPG}}\times\dfrac{\lambda_{C1s}^{HOPG}}{a}.\times\cos\theta$

D'autre part, en prenant le rapport **Equation III.3/ Equation III.7**, on obtient :

Equation IV.10:

$$\frac{S_{C-C;C-H}^{mol\acute{e}cule}}{S_{C1s}^{HOPG}} = \frac{K.N_{mol\acute{e}cule}\dfrac{A_0}{\cos\theta}\sigma_{C1s}T(E_C;E_a).\left(\dfrac{1-\exp(\dfrac{-d_{mol\acute{e}cule}}{\lambda_{C1S}^{mol\acute{e}cule}\cos\theta})}{1-\exp(\dfrac{-a}{\lambda_{C1s}^{mol\acute{e}cule}\cos\theta})}\right)}{K.N_{HOPG}\dfrac{A_0}{\cos\theta}\sigma_{C1s}T(E_C;E_a).\dfrac{\lambda_{C1s}^{HOPG}\cos\theta}{a}} =$$

$$\frac{N_{mol\acute{e}cule}}{N_{HOPG}}\times\frac{a}{\lambda_{C1s}^{HOPG}}\times.\left(\frac{1-\exp(\dfrac{-d_{mol\acute{e}cule}}{\lambda_{C1S}^{mol\acute{e}cule}\cos\theta})}{1-\exp(\dfrac{-a}{\lambda_{C1s}^{mol\acute{e}cule}\cos\theta})}\right)$$

On a donc le taux de couverture des molécules en surface de l'échantillon (Méthode B) :

$$\text{Equation IV.11: } N_{mol\acute{e}cule} = N_{HOPG} \times \frac{S_{C-C;C-H}^{mol\acute{e}cule}}{S_{C1s}^{HOPG}} \times \frac{\lambda_{C1s}^{HOPG}}{a} \times \left(\frac{1 - \exp(\frac{-a}{\lambda_{C1s}^{mol\acute{e}cule}.\cos\theta})}{1 - \exp(\frac{-d_{mol\acute{e}cule}}{\lambda_{C1S}^{mol\acute{e}cule}.\cos\theta})} \right)$$

Finalement, pour la deuxième étape de greffage, il suffit de se baser sur le signal du N1s pour la fonction pyridine-amine et sur le signal du Fe 3p pour la fonction ferrocène-amine, on trouve ainsi :

- **Greffage pyridine-amine :**

$$\text{Equation IIV.12 : } N_{mol\acute{e}cule} = N_{HOPG} \times \frac{S_{N1s}^{mol\acute{e}cule}}{S_{C1s}^{HOPG}} \times \frac{\lambda_{C1s}^{HOPG}}{a} \times \frac{\sigma_{N1s}}{\sigma_{C1s}} \times \frac{1}{2}$$

- **Greffage ferrocène-amine**

$$\text{Equation IV.14 : } N_{mol\acute{e}cule} = N_{HOPG} \times \frac{S_{Fe3p}^{mol\acute{e}cule}}{S_{C1s}^{HOPG}} \times \frac{\lambda_{C1s}^{HOPG}}{a} \times \frac{\sigma_{Fe3p}}{\sigma_{C1s}}.$$

Le calcul est fait en considérant que le greffage est homogène sur la surface. Le libre parcours moyen dans la molécule λ_{ML}^{C} des photoélectrons C1s dans la molécule est estimé à 3±0.2 nm grâce à au logiciel IMFP : Inelastic Mean Free Path. La densité atomique du plan de graphène « HOPG » N_{HOPG} est égale à 3.92×10^{14} atomes/cm^2. Pour le libre parcours moyen des photoélectrons C1s dans le graphite, on admet la valeur utilisée par P. Allongue *et al.* [28] de 17 Å qui est la valeur moyenne entre 16 Å trouvé par Hochella *et al.* [29] et 23 Å rapportée par Katayama *et al.* [30].

La longueur de la chaine d'undécylénate d'éthyle est estimée à 16 Å en ellipsométrie (ellipsomètre Horiba / Jobin-Yvon avec un angle d'incidence de 70°) par B. Fabre *et al.* [20]. Cette valeur est très proche de 18 Å que l'on trouve expérimentalement en XPS en se servant de l'atténuation du signal Si 2p après le greffage de la couche moléculaire. En faisant le rapport des signaux Si 2p de l'échantillon Si (111) avant et après le greffage, on obtient :

Equation IV.15 :

$$\frac{S_{Si2p}^{Si(111)greffé}}{I_{Si2p}^{Si(111)}} = \frac{K.N_{Si2p}\frac{A_0}{\cos\theta}\sigma_{Si2p}T(E_C;E_a).\frac{\lambda_{Si2p}^{Si(111)}\cos\theta}{a}\left(-d_{ML}/\lambda_{Si2p}^{molécule}\right)}{K.N_{Si2p}\frac{A_0}{\cos\theta}\sigma_{Si2p}T(E_C;E_a).\frac{\lambda_{Si2p}^{Si(111)}\cos\theta}{a}} = e^{\left(-d_{ML}/\lambda_{Si2p}^{molécule}\right)}$$

Les intensités des pics de silicium Si 2p sont calculées en faisant la moyenne des surfaces sous les pics Si2p pour sept angles de mesures différents, allant de 0° à 30° par pas de 5°. Cette méthode est admise pour limiter les incertitudes causées par la variation de l'intensité des pics due à l'effet de diffraction de photoélectrons (photo-diffraction) (**Figure IV.13**).

b) Résultats

Pour le greffage de l'undécylénate d'éthyle, la densité des molécules greffées sur la surface du Si(111) :H est systématiquement de $N_{molécule} = 2.9 \times 10^{14}\,cm^{-2}$. Il en résulte que seulement 37% des sites de surface du Si(111) sont greffés, sa densité atomique en surface étant de $7.8 \times 10^{14} cm^{-2}$. Ceci peut être considéré comme une couverture relativement dense. Cependant le maximum de couverture obtenu pour des alcènes est proche de 50%. Cette différence peut être attribuée à l'encombrement stérique supplémentaire apporté dans ce cas par la fonction ester (O=C-O) présente en bout de chaîne.

La densité de couverture déduite des mesures XPS est très cohérente avec la valeur théorique de 40%, qui est le taux de couverture géométrique maximal calculé avec le logiciel ChemDraw, en supposant que la molécule est un cylindre de diamètre 0.5 nm et de longueur 1.6 nm.

IV.5 Conclusion

Les études XPS ont montré l'efficacité de ce procédé de greffage thermique d'alcènes fonctionnels (ester) en phase liquide sur les surfaces de Si (111) : H, pour lesquels on obtient des taux de couverture très proches des valeurs maximales des taux de couvertures obtenues avec des alcènes non fonctionnalisés. Le bon recoupement entre les évaluations des taux de couverture en utilisant diverses composantes des spectres de photoémission du niveau ce cœur C1s permet de conclure à une bonne propreté des surfaces obtenues par ces voies. Il faut cependant noter la présence d'oxygène excédentaire même en l'absence de toute oxydation décelable du silicium.

Comme on le verra au chapitre VI, nous avons décidé d'utiliser ce même procédé pour fonctionnaliser des couches minces de carbone amorphe.

Références

[1] S.A. Campbell, The Science and Engineering of Microelectronic Fabrication: Oxford University Press: Oxford 1996.

[2] H. N. Waltenburg, J.T. Yates, Chem. Rev. 95 (1995) 1589-1673.

[3] H.Hasegawa, H. Fujikura, H. Okada, MRS Bull 24 (1999) 25.

[4] K.J. Albert, N.S. Lewis, C.L. Schauer, G.A. Sotzing, S.E. Stitzel, T.P.Vaid, D.R. Walt, Chem. Rev. 100 (2000) 2595.

[5] K. Birkinshaw, Rev. Phys. Chem. 15 (1996) 13.

[6] M.R. Linford, C.E.D. Chidsey, J. Am. Chem. Soc. 115 (1993) 12631.

[7] M.R. Linford, P. Fenter, P.M Eisenberger, C.E.D. Chidsey, J. Am. Chem. Soc. 117 (1995) 3145.

[8] J.M. Buriak, Chem. Rev. 102 (2002) 1272-1306.

[9] N. Shirahata, A. Hozumi, T. Yonezawa, Chem. Record 5 (2005) 145-159.

[10] G.S. Higashi, Y.J. Chabal, G.W. Trucks, K. Raghavachari, Appl. Phys. Lett. 56 (1990) 656.

[11] P. Dumas, Y.J. Chabal, P. Jakob, Surf. Sci. 867 (1992) 269-270.

[12] K. Hricovini, R. Günther, P. Thiry, A. Taleb-Ibrahimi, G. Indlekofer, J. E. Bonnet, P. Dumas, Y. Petroff, X. Blase, X. Zhu, S.G. Louie, Y. J. Chabal, P. A. Thiry, Phys. Rev. Lett. 70 (1993) 1992-1995.

[13] N. Shirata, T. Yonezawa, W.S. Seo, K. Koumoto, Langmuir 20 (2004) 1517.

[14] A.B. Sieval, R. Optiz, H.P.A. Maas, M.G. Schoeman, G. Meijer, F.J. Vergeldt, H. Zuilhof, E.J.R. Sudhölter, Langmuir 16 (2000) 10359-10368.

[15] J. Terry, M.R. Linford, C. Wigren, R. Cao, P.Pianetta, C.E.D Chidsey, Appl. Phys. Lett. 71 (1997) 1056.

[16] A. Faucheux, A.C. Gouget-Laemmel, C. Henry de Villeneuve, R. Boukherroub, F. Ozanam, P. Allongue, J.N. Chazalviel, Langmuir 22 (2006) 153-162.

[17] R.L. Cicero, M.R. Linford, C.E.D. Chidsey, Langmuir 16 (2000) 5688.

[18] B.J. Eves, G.P. Lopinsky, Langmuir 22 (2006) 3180-3185.

[19] R. Boukherroub, Current Opinion in Solid State Mat. Sci. 9 (2005) 66-72.

[20] B. Fabre, S. Ababou-Girard, F. Solal, J. Mater. Chem. 15 (2005) 2575-2582.

[21] B. Fabre, F. Hauquier, J. Phys. Chem. B. 110 (2006) 6848-6855.

[22] T. Strother, W. Cai, X. Zhao, R.J. Hammers, L.M. Smith, J. Am. Chem. Soc. 122 (2000) 1205-1209.

[23] P.G. Gassman, D.W. Macomber, J.W. Hershberger, Organometallics 2 (1983) 1470-1472

[24] C.M. Woodbridge, D.L. Pugmire, R.C. Johnson, N.M. Boag, M.A. Langell, J. Phys. Chem. B 104 (2000) 3085-3093.

[25] H.Z. Yu, S. Morin , D. Wayner, P. Allongue, C. Henry de Villeneuve, J. Phys. Chem. B. 104 (2000) 11157.

[26] P. Allongue, C. Henry de Villeneuve, G. Cherouvrier, R. Cortes, J. Electroanal. Chem. 161 (2003) 550-551.

[27] M.Tolan, X-Ray Scattering From Soft Matter Thin Films ; Springer, Berlin, (1999)

[28] X. Wallart, C. Henry de Villeneuve, P. Allongue, J. Am. Chem. Soc. 127 (2005) 78171-7878.

[29] M.F. Hochella, Jr., H.A. Carim, Surf Sci. L260 (1997) 197.

[30] T. Katayama, H. Yamamoto, M. Ilkeno, Y. Mashiko, S. Kawazu, M. Unemo, Jpn. J. Appl. Phys. 38 (1999) L770.

Chapitre V: Greffage thermique en phase vapeur sur Si (111)

Le greffage thermique en phase vapeur consiste à mettre en contact, dans une enceinte sous vide, la molécule en phase gazeuse (évaporée à partir de la phase liquide) avec la surface de l'échantillon portée à une température contrôlée, en l'absence de solvant ou d'initiateur. Cette méthode est peu utilisée malgré les nombreux avantages qu'elle présente. Le chauffage de l'échantillon pendant ce processus crée probablement un clivage homolytique de la liaison Si-H et crée donc des liaisons libres comme pour le greffage en phase liquide, qui réagissent avec la fonction alcène.

Cette méthode a été employée par J. Duchet *et al.* [1] pour greffer des chaînes organiques sur la surface hydrophile Si-OH. D'autre part, Y. Wang et al [2] l'ont utilisée pour modifier la surface du Si oxydé par des peptides. Elle a aussi été utilisée pour greffer la molécule de 1-décène sur la surface Si (100) hydrogénée [3].

L'absence de solvant ou d'initiateur dans cette méthode limite les risques d'exposition à des impuretés. Le chauffage sous-vide employé pour le greffage peut aussi servir à éliminer les molécules physisorbées sur la couche sans avoir besoin de traiter la surface greffée par des solvants. De plus, de nombreuses applications dans le domaine de la micro-fabrication comme le SiMEMS [3] favorisent le dépôt par phase vapeur comme première étape, qui est plus facile à intégrer avec d'autres procédés en voie sèche ou des procédés de gravure. L'enceinte de dépôt peut aussi être connectée à une chambre d'analyse ou de caractérisation de la surface sans que la surface soit en contact avec l'air.

Le développement de cette méthode en phase gazeuse permet, pour notre équipe, de présenter une alternative aux procédés en voie liquide maîtrisés par nos collègues chimistes. Nous montrerons que cette méthode présente des avantages, en particulier des conditions de propreté optimisées. Notre objectif a donc été de réaliser des surfaces de Si (111) modifiées par des alcènes présentant une grande densité de molécules et de bonnes caractéristiques de transport électrique, puis de transposer ce procédé de fonctionnalisation au greffage de différentes couches de carbone amorphe (Chapitre VI).

V.1 Dispositif expérimental de greffage sous ultravide

Pendant la première année de ce travail, des études et des tests ont été réalisés pour monter un nouveau dispositif expérimental sous ultravide pour réaliser le greffage en phase vapeur, traiter les surfaces et faire des mesures en XPS sans que l'échantillon ne soit mis à l'air. Le montage (**Figure V.1**) a effectivement commencé au début de ma deuxième année de thèse et il est devenu opérationnel après environ deux mois. Nous disposons ainsi dans l'équipe d'un procédé de greffage qui permet de préparer les couches minces fonctionnalisées dans les meilleures conditions de propreté possibles sous ultravide.

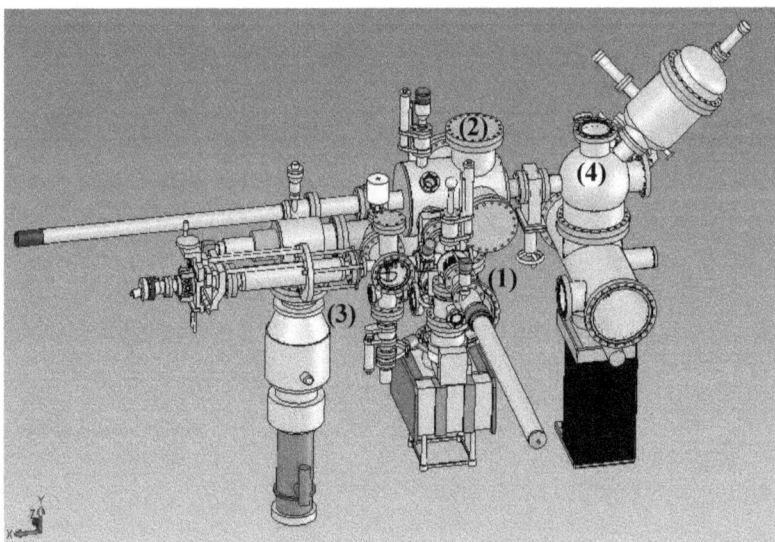

Figure V.1: Dispositif de greffage moléculaire sous ultra vide

Ce montage est composé de quatre chambres en acier inoxydable, dont chacune dispose de son propre système de pompage. Ces quatre chambres sont le sas d'introduction (1), la chambre de préparation (2), la chambre d'évaporation (3) et la chambre d'analyses XPS (4). Elles sont connectées par des brides et isolées l'une de l'autre par des vannes ultravide. Le système de transfert d'une chambre à une autre est assuré par un système mécanique développé au laboratoire.

126

V.1.A   Chambre d'introduction d'échantillons

La chambre d'introduction (**Figure V.2**) est la seule partie du montage qui voit l'air, lors de l'introduction des échantillons. Le vide est cassé par introduction contrôlée d'azote sec. En effet, le sas est connecté par une vanne ultravide à un bâti comportant deux pompes à zéolites, une pompe sèche et une cloche qui est immergée dans l'azote liquide au moment de l'introduction de l'échantillon. Trois cycles de purge sont effectués avant l'introduction d'azote dans le sas. Pendant toute la période d'ouverture, de l'azote sec est pulsé en permanence dans l'enceinte grâce à un bidon d'azote mis sous pression (2 bar) pour empêcher la rentrée d'air et surtout de vapeur d'eau. Après l'introduction des échantillons, qui sont fixés sur un support vertical pouvant recevoir trois échantillons à la fois (Figure V.2), le sas est pompé par la pompe sèche, ensuite par une pompe à zéolites afin d'atteindre une pression de 10^{-4} mbar. Le sas est ensuite pompé par une pompe turbo-moléculaire qui est assistée par une pompe sèche. Ce système de pompage permet d'atteindre une pression de 2.10^{-8} mbar dans le sas après une heure et demie. Une vanne ultravide sépare la pompe du sas.

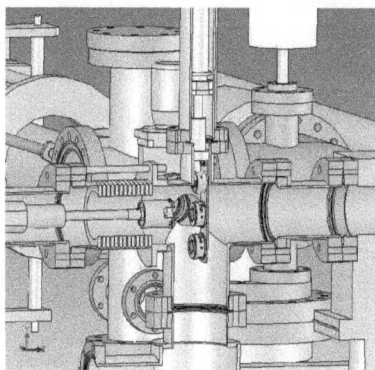

Figure V.2: Coupe verticale du sas d'introduction

Comme le montre la **Figure V.2**, l'élément essentiel de cette chambre est la fourchette qui est à l'extrémité d'une canne de transfert permettant de faire une rotation de 360° et de réaliser une translation horizontale avec une course de 800 mm, du sas jusqu'à la chambre de préparation. Cette fourchette dispose de trois fentes identiques en forme de L. Le porte-échantillons présente des fentes identiques de même que trois plots sortants. Les supports des porte-échantillons disposent aussi de ces trois plots. L'ensemble fonctionne exactement

127

comme une ampoule à baïonnette ; dans ce cas il y a trois baïonnettes. L'échantillon peut être soit déposé sur la canne qui permet par simple translation de passer de la chambre de préparation à la chambre d'analyse soit stocké dans la chambre de préparation sur un support monté sur un mouvement de translation vertical (**Figure V.2**).

V.1.B   <u>Chambre de préparation</u>

La chambre d'analyse ne dispose pas de manipulateur. Les échantillons sont donc disposés sur un support au bout d'une canne de transfert dans la chambre de préparation et cette canne permet de positionner pour mesure les échantillons dans la chambre d'analyse par simple translation (**Figure V.3**). Ce support comporte deux dispositifs à baïonnette pour recevoir des porte-échantillons et un échantillon HOPG qui y repose en permanence et sert d'échantillon de référence pour normaliser les mesures de photoémission.

Une des deux positions de stockage dans la chambre de préparation est équipée d'une résistance thermique qui assure le chauffage des échantillons par conduction jusqu'à une température de 650°C. Ce chauffage permet de réaliser les tests de stabilité du greffage moléculaire et les traitements de désoxydation des échantillons de carbone amorphe. Un canon à ions est aussi installé dans cette chambre de préparation qui sert à éliminer tout résidu de la surface des échantillons.

Figure V.3: Vue intérieure de la chambre de préparation

Le pompage de cette chambre est assuré par une pompe ionique permettant d'obtenir une pression de 5.10^{-9} mbar.

V.1.C Chambre d'évaporation

La chambre de greffage en phase vapeur (**Figure V.4**) est composée de deux étages séparés par une vanne. La partie inférieure (**1**) contient le liquide et sert à purifier ce liquide avant l'évaporation. Le dépôt se fait dans la partie supérieure (**2**) sur un substrat chauffé pendant et après le dépôt afin d'éliminer les molécules physisorbées, sans avoir recours aux rinçages utilisés dans les procédés en voie liquide.

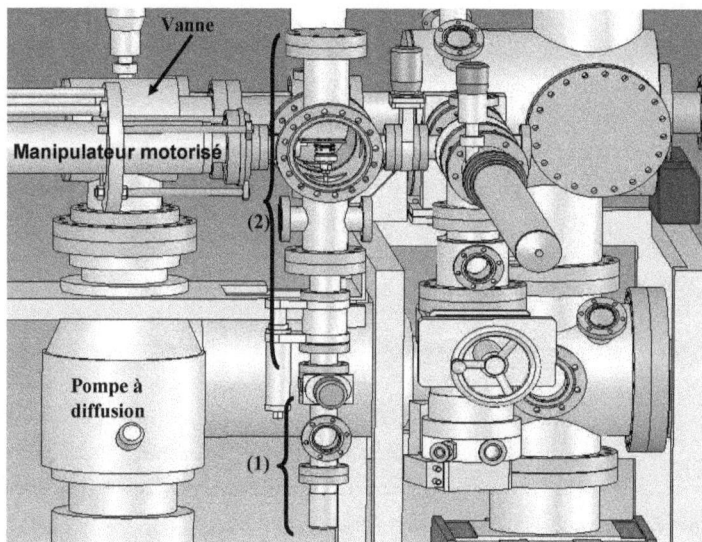

Figure V.4: Schéma de la chambre d'évaporation pour le greffage thermique (bâti ultravide)

Après la vanne de séparation, la portée de joint a été utilisée pour centrer un capillaire de 2 mm de diamètre qui se termine par un entonnoir mis en contact avec l'échantillon lors des évaporations. Ainsi on assure une diminution de la pression effective dans la chambre vis-à-vis de celle qui règne au dessus du liquide à évaporer et l'entonnoir permet de limiter la pollution de la chambre où se situe l'échantillon. L'unique support d'échantillon de cette chambre est équipé d'une résistance thermique qui permet de chauffer l'échantillon jusqu'à 650°C. Le support est connecté à un manipulateur motorisé qui permet le transfert de l'échantillon de la chambre d'évaporation jusqu'au sas et vice-versa.

Cette chambre d'évaporation est pompée par une pompe à diffusion assistée par une pompe sèche et un piège à azote. Elle permet d'atteindre une pression de quelques 10^{-9} mbar, avant le dépôt.

V.2 Le procédé de greffage thermique en phase vapeur

Nous avons travaillé d'une part avec le perfluoro-1-décène (CF_3-$(CF_2)_7CH$=CH_2), qui présente l'avantage de sa signature fluor pour le greffage sur carbone amorphe, et d'autre part avec des chaînes alkyl (décène et tetradécène) pour le greffage sur le Si (111).

Après le remplissage de la partie inférieure du réservoir, la molécule en phase liquide subit une purification. Le liquide est refroidi jusqu'à sa solidification à l'aide d'un cylindre en cuivre trempé dans l'azote liquide qui est amené en contact avec le pyrex contenant le liquide. Ensuite, le liquide solidifié est pompé par une pompe sèche et une pompe à zéolites jusqu'à atteindre P=3×10^{-4} mbar. Le liquide est ensuite ramené à température ambiante et pompé à nouveau. Ce cycle est répété trois fois à chaque remplissage. Ces cycles servent à éliminer la plus grande partie des impuretés (hydrocarbures, eau, oxygène). 5 ml de liquide sont disposés à chaque fois dans le récipient ce qui permet de réaliser 5 essais de dépôt.

Une fois le liquide purifié, le greffage débute par le chauffage de l'échantillon sous ultravide (4×10^{-9} mbar) pendant une demi-heure à une puissance donnée pour atteindre la température utilisée. La calibration des températures en fonction des puissances électriques est faite grâce à un thermocouple qui a été fixé sur la surface de l'échantillon et en se référant aux points de fusion de l'étain et de l'indium. Trente minutes de chauffage sont suffisantes pour que la température soit stable à la valeur demandée avant le greffage.

Pour commencer le dépôt, on ouvre la vanne entre les deux parties de la chambre d'évaporation. La pression chute dans la chambre d'évaporation jusqu'à 10^{-3} mbar. Après cinq minutes, on ferme l'électro-vanne qui sépare la pompe à diffusion de la chambre d'évaporation, afin d'arrêter le pompage pendant le greffage ; la pression dans la chambre dépasse alors 0.1 mbar. Si le pompage est maintenu pendant la phase de greffage, nous avons constaté que les molécules n'arrivent pas réagir avec la surface car elles sont préférentiellement pompées par la pompe à diffusion.

Pour le perfluro-1-décène, le temps de greffage du Si (111) est de 1 heure. En comparant des essais de 30 minutes, 1 heure et 2 heures, le taux de couverture maximum est obtenu après une heure de greffage et aucune amélioration n'est observée en prolongeant la durée jusqu'à 2 heures. Pour les alcènes, on a besoin de 5 heures pour obtenir une couverture dense de molécules en surface.

Une fois le greffage terminé, on ferme la vanne du côté de la chambre d'évaporation et on ouvre le pompage sur la chambre d'évaporation. La température reste constante pendant 30 minutes après le greffage pour éliminer les molécules physisorbées sur la surface sans avoir recours à des solvants organiques. Une seule variation a été apportée à ce protocole, il s'agit des études de greffage des molécules fluorées à une température de 300°C, la dernière phase d'élimination des molécules physisorbées a été effectuée à une température de 230°C (**Figure V.10**). L'échantillon est ensuite transféré vers la chambre d'analyses pour la caractérisation XPS.

V.3 <u>Caractérisations par XPS des couches Si (111) greffées thermiquement en phase vapeur</u>

V.3.A <u>Greffage du perfluoro-1-décène sur Si (111)</u>

V.3.A.i <u>Efficacité du Greffage</u>

On a utilisé deux types de Si (111), des substrats dopés p (1-10 Ω.cm) et d'autres dopés n (1-20 Ω.cm), dans le but de regarder l'effet du dopage sur le taux de couverture de molécules.

Les premiers essais de greffage de la molécule de perfluoro-1-décène ont été réalisés à 160°C, qui est la température habituellement utilisée sur Si pour un greffage en phase liquide ou en phase vapeur. Cependant, après plusieurs essais, on voit un très faible pic correspondant au niveau de cœur F1s sur le spectre large d'un échantillon greffé à cette température. Le taux de couverture estimé ne dépasse pas 1% des sites présents sur la surface de Si (111). Ceci indique que la molécule ne réagit pas avec la surface à cette température et qu'elle ne reste pas physisorbée, bien que les études montrent que cette température est suffisante pour casser les liaisons Si -H en surface et créer des liaisons libres capables de réagir avec les alcènes.

Pour les greffages réalisés à 230°C, on observe sur le spectre large (**Figure V.5**) un pic F1s très intense et on distingue plusieurs composantes C1s et une atténuation importante du signal Si 2p. Ce comportement est identique pour les deux types de Si employés dans cette étude. Ceci donne une première indication sur une présence dense de la molécule en surface.

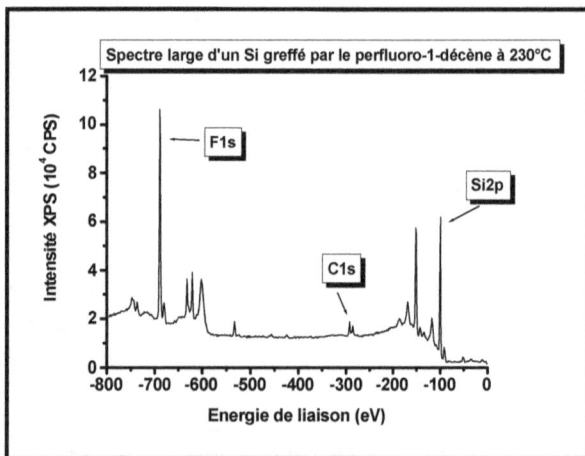

Figure V.5: Spectre large du Si (111) modifié par le perfluoro-1-décène

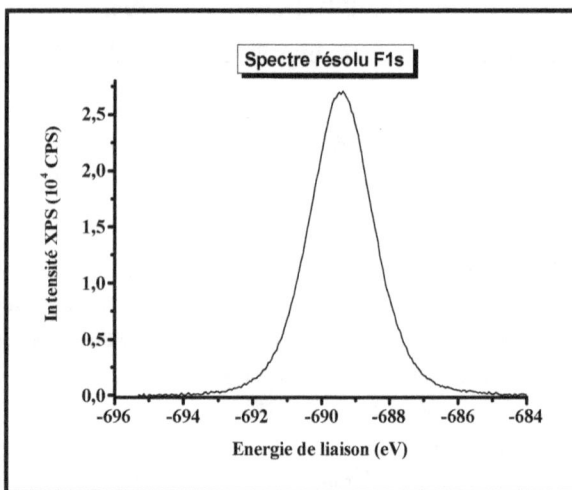

Figure V.6: Spectre résolu F1s du Si (111) modifié par le perfluoro-1-décène

Le spectre résolu du F1s (**Figure V.6**) montre que le pic se situe à 689.4 eV, ce qui correspond parfaitement avec la position du pic F1s trouvée à 689.3 eV, pour les segments – $(CF_2$-$CF_2)$- et à 689.6 eV pour les liaisons CF_3 **[4]**. On ne distingue pas les deux composantes parce que cette différence de 0.3 eV nécessiterait une résolution en énergie plus petite que 0.4

eV ce qui est loin d'être possible avec notre équipement. Cette résolution ne peut être obtenue qu'en rayonnement synchrotron.

La décomposition du C1s reste toujours la plus parlante dans ce type de travail. Une première décomposition (**Figure V.7**) du spectre met en évidence la présence de 3 composantes. La première composante à 285 eV représente les liaisons C-C. La deuxième composante représentant la fonction – (CF_2-CF_2)- se situe à 7 eV de la composante principale C-C vers les énergies plus liantes avec une largeur à mi-hauteur de 1.7 eV. La troisième composante représentant la fonction CF_3 se situe à 9.3 eV de la composante principale avec une largeur à mi-hauteur de 1.3 eV. Ces écarts sont en excellente cohérence avec les écarts trouvés dans la littérature **[4]**. De même, cette décomposition révèle la présence des satellites des composantes – (CF_2-CF_2)- et CF_3, visibles entre 280 et 286 eV.

Tout cela indique très clairement la présence complète de la molécule perfluoro-décène sur la surface de Si (111). A noter que, pour les ajustements, la largeur et la position des pics sont fixées après plusieurs essais sur différents échantillons.

Si on regarde la différence entre la mesure et l'ajustement, en bas de la (**Figure V.7**), on distingue la présence d'une quatrième composante à 286.5 eV qui n'a pas été prise en compte. Celle-ci peut être attribuée à une pollution de la surface, pendant le processus de greffage.

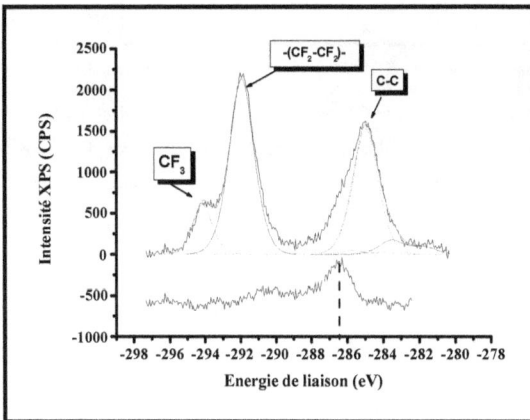

Figure V.7: Décomposition du carbone C1s sur le Si modifié, sans tenir compte de la pollution sur la surface

Si on tient compte de la très faible pollution de carbone qui se trouve initialement à la surface du Si-H qui a servi pour le greffage (quasi-négligeable mais inévitable car l'échantillon n'a pas été préparé sous ultravide), on peut décomposer la composante principale en deux nouvelles composantes (**Figure V.8**) : la première (284.7 eV) qui représente les deux atomes de carbone de la chaine liés par une liaison C-C, et la deuxième (285.5 eV) représente la pollution déjà existante sur la surface de l'échantillon vierge. La largeur, la hauteur et la position de cette dernière sont fixées par les valeurs trouvées sur l'échantillon avant greffage.

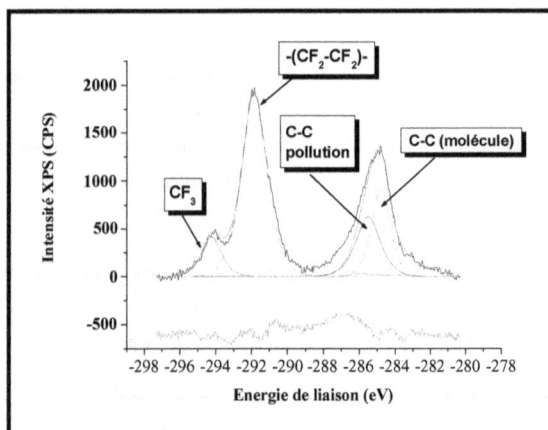

Figure V.8: Décomposition du carbone C1s sur le Si modifié, en considérant la pollution sur la surface.

La différence entre le spectre C1s et l'ajustement correspondant, en bas de la (**Figure V.8**), se manifeste par un très faible pic proche de 286.7 eV. Cette décomposition met en évidence la qualité de la surface dont on peut dire qu'elle est exempte de toute pollution apportée lors du greffage, et tout le carbone détecté représente uniquement la monocouche organique.

Il est aussi important de constater qu'il n'y a pas de trace d'oxydation sur le spectre du Si 2p enregistré avec un angle de mesure $\theta=49°$ (**Figure V.9**).

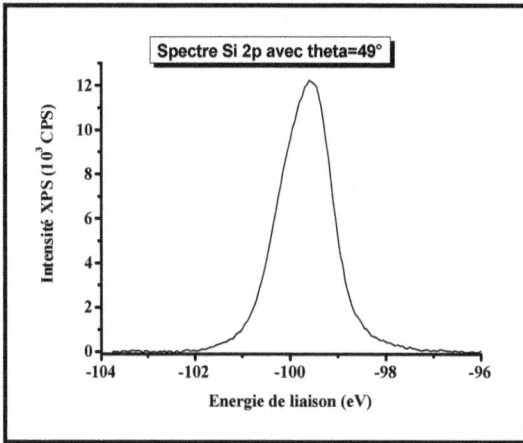

Figure V.9: Spectre résolu du Si 2p enregistré avec un angle d'incidence θ=49°

V.3.A.ii Densité de couverture

La description des diverses composantes obtenues en XPS nous amène à pouvoir considérer plusieurs possibilités d'évaluation de la densité de couverture de molécules en surface. Nous avons cependant décidé de ne pas utiliser le signal du pic F1s car le facteur de transmission de l'analyseur (facteur T(E(c), E(a)) dans l'équation IV.1) aux énergies où il est obtenu est très différent de celui des autres domaines (énergie de liaison de 700 eV pour F1s contre 100 eV pour Si2p et 300 eV pour C1s) et nous n'en avons pas une bonne évaluation.

D'après les équations «**Equation IV.3**» et «**Equation IV.4**» on peut déduire respectivement les expressions des surfaces des pics qui représentent les fonctions – (CF$_2$-CF$_2$)- et CF$_3$. On obtient ainsi :

Equation V.1: $\displaystyle S_{CF_2}^{molécule} = I_{0,C1S}^{molécule} \sum_{k=0}^{n} e^{\dfrac{-ka}{\lambda \cos\theta}} = I_{0,C1S}^{molécule} \times \left(\dfrac{1 - \exp(\dfrac{-8a}{\lambda_{C1S}^{molécule} \cos\theta})}{1 - \exp(\dfrac{-a}{\lambda_{C1s}^{molécule} \cos\theta})} \right)$

Il n'y a que 7 atomes de carbone qui sont impliqués dans un groupement $-(CF_2 - CF_2)-$ dans la molécule.

135

- **Equation V.2 :** $S_{CF_3}^{molécule} = I_{0,C1S}^{molécule} \sum_{k=0}^{n} e \frac{-ka}{\lambda \cos \theta} = I_{0,C1S}^{molécule}$

Pour obtenir la densité des molécules en surface par deux signaux différents, il suffit de diviser ces deux équations par l'intensité du carbone provenant du « HOPG » (**Equation IV.7**), D'où :

- **Equation V.3 :** $N_{molécule} = N_{HOPG} \times \dfrac{S_{CF_2}^{molécule}}{S_{C1s}^{HOPG}} \times \dfrac{\lambda_{C1s}^{HOPG}}{a} \times \left(\dfrac{1 - \exp(\dfrac{-a}{\lambda_{C1s}^{molécule}})}{1 - \exp(\dfrac{-8a}{\lambda_{C1s}^{molécule}})} \right)$

- **Equation V.4** $N_{molécule} = N_{HOPG} \times \dfrac{S_{CF_3}^{molécule}}{S_{C1s}^{HOPG}} \times \dfrac{\lambda_{C1s}^{HOPG}}{a}$

On ne trouve pas de différence entre les taux de couverture calculés à partir du signal CF_2 (**Equation V.3**) et du signal CF_3 (**Equation V.4**), ce qui est cohérent avec le greffage simple de la molécule entière sur la surface.

La figure (**Figure V.10**) montre les résultats obtenus sur les substrats de Si de type n et de type p, ainsi que les taux de couverture obtenus à différentes températures. On en déduit :

- Le Si (111) dopé n atteint son maximum de taux de couverture à 230°C après une heure de greffage. Ce maximum est égal à 2.6×10^{14} molecules.cm^{-2}, c'est-à-dire 33% des sites disponibles en surface ont réagi. Ce taux est supérieur à celui qui a été rapporté dans la référence [5].
- L'augmentation de la température de greffage, jusqu'à 300°C, n'a aucun effet sur le Si (111) de type n.
- A 230°C, le Si (111) de type p est moins réactif que celui de type n. Pour plusieurs échantillons, on trouve sur le Si (111) type p un taux de couverture de 1.4×10^{14} molécules.cm^{-2}.
- En passant de 230°C à 300°C, on arrive à doubler le nombre de molécules en surface sur les échantillons de type p ; on obtient une densité de 2.8×10^{14} molécules.cm^{-2}. Cette valeur correspond au maximum trouvé sur le Si de type n.

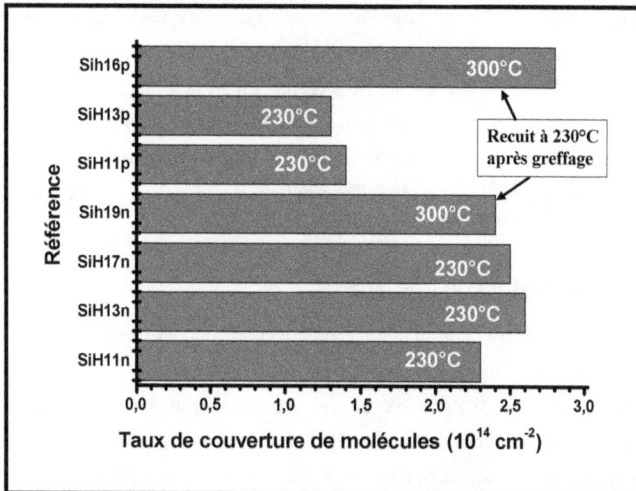

Figure V.10: Densité de molécules de perfluoro-1-décène greffées sur différentes surfaces de Si (111) dopé p ou n

On observe que pour les greffages à 230 °C, les surfaces de silicium de type n présentent un taux de greffage supérieur à celui des surfaces de silicium de type p. Ce même effet de dopage sur le taux de greffage a été confirmé par Zuihlof et al [6]. On retrouve cet effet sur le greffage des alcènes simples au paragraphe V.4. On notera que cette différence est quasi inexistante, voire inversée dans le cas du greffage à 300°C où la saturation due à l'encombrement stérique des molécules est quasiment atteinte. Cette dépendance en taux de dopage est donc probablement un effet cinétique. Finalement notons que l'utilisation d'une température plus basse (230°C) pour la phase finale de désorption dans ce dernier cas, dictée par le souci de minimiser la rupture des liaisons covalentes que l'on attend pour un recuit à 300°C, a certainement contribué à atteindre ce taux élevé de greffage.

V.4 Greffage des alcènes sur Si (111)

Les structures moléculaires saturées (chaîne alcane) obtenues par réaction d'une molécule d'alcène sur silicium Si(111) hydrogéné sont des structures modèles qui ont beaucoup été étudiées, en particulier pour la compréhension des mécanismes de transport perpendiculaire. Il est donc apparu intéressant à l'équipe de les réaliser par voie thermique en phase vapeur, afin de déterminer si le procédé que nous avons développé permet d'atteindre l'état de l'art. Dans ce type d'étude, il est important de disposer de structures qui diffèrent par la longueur de la chaîne alcane. Ce travail concerne donc le 1-décène (10 atomes de carbone) et le 1-tetradécène (14 atomes de carbone). Nous décrirons d'abord le travail de mise au point du greffage, et nous en discuterons l'efficacité. Nous présenterons ensuite des résultats de mesures de transport et de photoémission UV, ainsi que quelques résultats de photoémission inverse. Ces dernières mesures ont été effectuées par Eric Salomon et Antoine Kahn, Princeton University.

V.4.A   Paramètres de greffage

Le procédé de greffage est celui utilisé pour le perfluro-1-décène. Cependant, le temps de dépôt (1 h) s'est avéré insuffisant pour obtenir un greffage moléculaire dense même en variant la température entre 160°C et 300°C. Nous avons aussi réalisé des greffages sur les deux types de Si (111) (dopé n et dopé p), d'une part pour les études de structures électroniques mais aussi dans la perspective de mettre en évidence un effet du dopage sur la réactivité.

Le procédé validé d'après les mesures de photoémission XPS, est un greffage à 160°C pendant 5 heures et demie et un chauffage à 160°C (pendant 30 minutes) après la fin du greffage. On notera que le pompage est maintenu seulement pendant les cinq premières minutes du greffage en phase vapeur, puis l'évaporation se passe pendant 5 heures et 25 minutes dans l'enceinte fermée. La consommation de liquide reste raisonnable, celle-ci ne dépassant pas 1 mL pour un greffage sur un échantillon de surface de 13×20 mm^2.

V.4.B   Analyses des mesures en photoémission XPS

V.4.B.i Cas des surfaces de Si(111) dopé n

Plusieurs essais de greffage de la molécule 1-décène ont eu lieu à différentes températures et avec différents temps de dépôt. On a constaté que la température de 160°C est suffisante pour greffer cette molécule sur la surface de Si (111) (**Figure V.11**), seulement il faut au moins 4 heures de dépôt pour observer un signal important de carbone. Pour des temps inférieurs, l'intensité du carbone est tellement faible qu'on n'a pu juger s'il s'agit vraiment du greffage de la molécule organique ou d'une simple pollution. Le maximum d'intensité est atteint après 5 heures et demi de dépôt (**Figure V.11**).

138

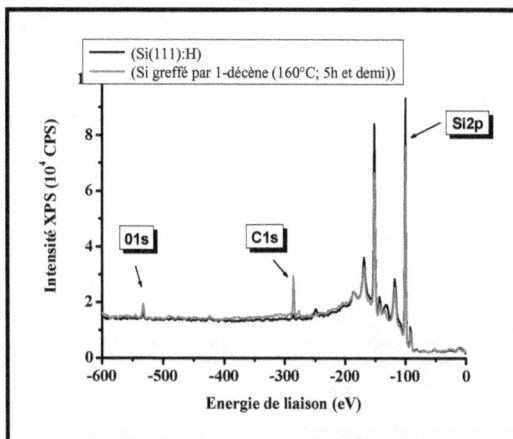

Figure V.11: Si (111) : H avant et après sa modification par le 1-décène

Sur le spectre large (**Figure V.11**), on voit clairement l'apparition du pic C1s, une très légère présence de l'oxygène, et une atténuation du signal Si 2p. Cette forte augmentation du carbone peut être interprétée de trois façons : a) un succès du greffage de la molécule, b) une forte pollution de la surface, c) un greffage et une légère pollution. Cette dernière possibilité est la plus probable pour les raisons suivantes :

1) l'intensité intégrée du pic C1s sur le spectre résolu (**Figure V.12**) est de 9350. En utilisant la décomposition du spectre C1s (**Figure V.8**) obtenu après le greffage de la molécule fluorée, nous avons pu estimer la pollution induite sur une surface Si(111) :H par le transfert dans le bâti expérimental ; son intensité, correspondant aux liaisons C-C et C-H, ne dépasse pas 500.

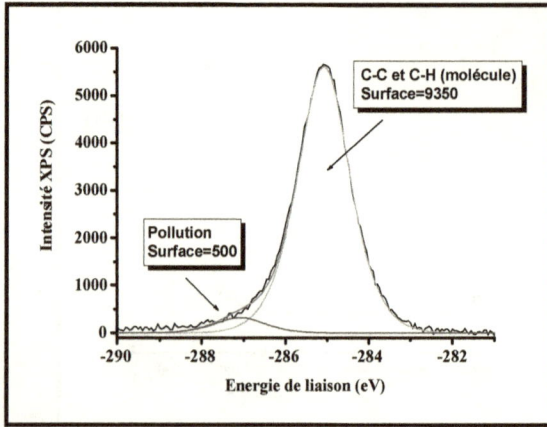

Figure V.12: Spectre résolu C1s de l'échantillon Si (111) greffé par le 1-décène

2) pour un échantillon de Si (111) hydrogéné, qui a subi un greffage moléculaire en phase vapeur de tetradécène (14 atomes de carbone), avec les même paramètres que ceux utilisés pour le 1-décène (10 atomes de carbone), on retrouve le même spectre C1s mais avec une intensité une fois et demi plus importante (**Figure V.13**), que celle trouvée sur l'échantillon greffé avec le 1-décène.

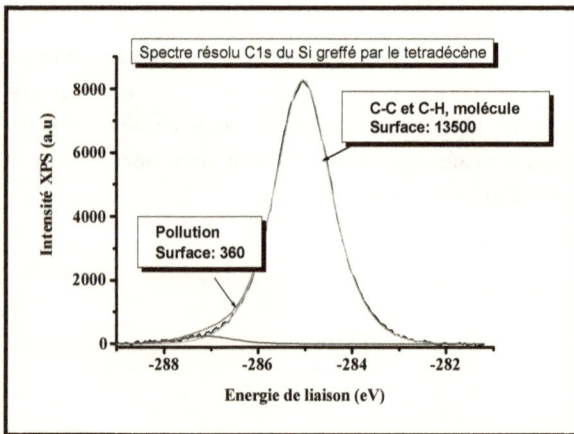

Figure V.13: Spectre résolu C1s de l'échantillon Si (111) greffé par le tetradécène

La (**Figure V.14**) montre que l'effet du greffage de la molécule sur l'atténuation du Si 2p, est plus important dans le cas du greffage de tetradécène. Un tel comportement est attendu, car l'intensité du signal Si 2p est proportionnel au terme $e^{(-d/\lambda_{ML})}$, où d est l'épaisseur de la couche moléculaire. De plus, cette figure montre un léger déplacement du pic Si 2p vers les énergies moins liantes après greffage des molécules organiques, ceci indique une modification de la structure électronique à l'interface et donc une modification de la courbure des bandes.

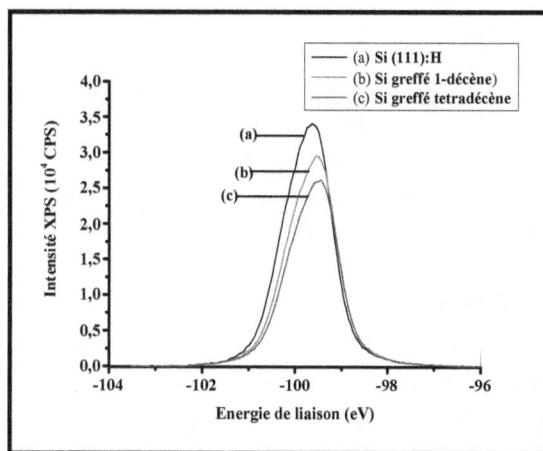

Figure V.14: Superposition de 3 trois spectres résolus de Si 2p, qui met en évidence l'atténuation du signal Si 2p après le greffage moléculaire; cette atténuation est plus importante pour la chaine la plus longue (tétradécène).

Pour mieux regarder si la surface s'est oxydée, on normalise les 3 spectres de la (**Figure V.14**). On obtient ainsi la (**Figure V.15**), qui montre que les spectres Si 2p après greffage diffèrent seulement par leur position, mais aucune nouvelle composante ne peut être détectée, ce qui confirme l'absence de toute oxydation en surface.

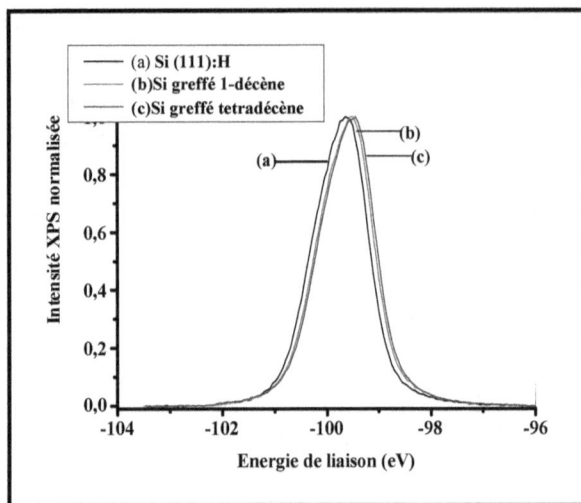

Figure V.15: Superposition de 3 spectres Si 2p normalisés d'un échantillon Si(111) hydrogéné, d'un Si(111) greffé 1-décène et d'un Si(111) greffé tetradécène (dans l'ordre d'énergie de liaison décroissante).

V.4.C   Densité des alcènes en surface

On dispose d'un seul signal C1s pour calculer le taux de couverture des alcènes sur la surface de Si (111). La densité des alcènes en surface s'écrit :

- **Equation V.5 :** $N_{molécule} = N_{HOPG} \times \dfrac{S_{C1s}^{molécule}}{S_{C1s}^{HOPG}} \times \dfrac{\lambda_{C1s}^{HOPG}}{a} \times \left(\dfrac{1 - \exp(\dfrac{-a}{\lambda_{C1s}^{molécule}})}{1 - \exp(\dfrac{-d_{molécule}}{\lambda_{C1S}^{molécule}})} \right)$

Dans les mesures réalisées avant et après greffage, l'atténuation du signal du silicium Si 2p est en général beaucoup plus faible que ce qui est attendu pour une couche dense. Pour évaluer un taux de couverture le plus réaliste possible, nous avons utilisé la valeur expérimentale de l'atténuation du signal du silicium pour en déduire un nombre effectif d'atomes de carbone dans la chaîne moléculaire tenant compte de l'atténuation du signal C1s par la chaîne elle même. Cette manière de procéder n'est possible que si on fait l'hypothèse d'une répartition homogène des molécules sur la surface. Des images STM réalisées sur une surface greffée par la molécule tetradécène (densité 3.5×10^{14} cm^{-2}) sont en faveur de cette hypothèse. Il faut noter que cette méthode, utilisée dans le cas du greffage par le perfluoro-1-décène, conduit à une valeur du taux de couverture extrêmement proche de celle obtenue en utilisant le signal intégré du carbone C1s (seul signal disponible dans le cas des alcènes) ou celui issu des carbones CF_2 ou encore celui issu des carbones CF_3.

Le (**Tableau V.1**) résume les données pour les trois meilleurs échantillons réalisés. Après plusieurs essais, on trouve un taux de couverture similaire pour ces deux molécules sur le Si (111) dopé n : $(2.5\pm0.2)\times10^{14}$ cm^{-2} pour la molécule en C10 et $(3.5\pm0.2)\times10^{14}$ cm^{-2} pour la molécule en C14. Le taux maximum obtenu, $(3.5\pm0.2)\times10^{14}$ cm^{-2}, correspond au greffage de molécules organiques sur 45 % des atomes disponibles de la surface du Si(111).

Echantillons	Facteur d'atténuation expérimental du Si2p	Nombre effectif d'atomes de carbone (valeur théorique calculée avec d et λ)	Nombre de Coups x eV×s^{-1} par carbone effectif	Taux de couverture obtenu par normalisation à HOPG	Facteur d'atténuation du Si2p (calculé en tenant compte du taux de greffage)
SiH30n (C10)	0,88	9,2 (8,25)	890	2,5 10^{14}	0,78 (0,69)
SiH32n(C14)	0,68	10,7 (10,4)	1260	3,5 10^{14}	0,62 (0,60)
SiH17p(C10)	0,89	9,2 (8,25)	689	1,9 10^{14}	0,83 (0,69)

Tableau V.1: La colonne 2 montre l'atténuation du Si 2p obtenue expérimentalement après greffage; on en déduit le nombre effectif d'atomes de carbone qui se trouve dans la colonne 3 ; dans la même colonne on trouve ce nombre calculé théoriquement entre parenthèses. La colonne 4 donne les intensités des spectres C1s qui sont employées pour calculer le taux de couverture (colonne 5), on en déduit le facteur d'atténuation du Si 2p qui se trouve entre parenthèses dans la colonne 6 où on trouve aussi la valeur calculée théoriquement.

Pour la molécule en C10, une valeur un peu plus élevée (45 à 50%) était attendue **[7 ; 8 ; 9 ;10]**, mais il n'a pas été possible d'atteindre ce taux de couverture.

Le **tableau V.1** résume les évaluations des taux de couverture que nous avons effectuées en utilisant comme facteur d'atténuation du signal de photoémission des niveaux C1s par la chaîne moléculaire elle-même, une valeur déduite de l'atténuation du signal du substrat de silicium par la couche moléculaire (colonne 2). En faisant cela on tient compte, dans l'atténuation, expérimentalement du taux de couverture effectif. Pour montrer la cohérence de cette démarche, nous avons traduit l'atténuation du signal par la molécule elle-même par un

143

nombre effectif d'atomes de carbone. S'il n'y avait pas d'atténuation, ce nombre serait de 10 pour la molécule C10 et il est évalué à 9,2 en tenant compte de l'atténuation. C'est donc le facteur par lequel le signal de photoémission doit être divisé pour obtenir le signal d'un plan d'atomes de carbone (colonne 4) dans la monocouche moléculaire.

Nous avons fait une évaluation du même facteur en utilisant les épaisseurs supposées des couches (1,3 nm pour le C10 et 1,8 nm pour le C14) et une longueur d'atténuation habituellement utilisée (3,5 nm) ; ce facteur, dit théorique, figure entre parenthèse dans la troisième colonne du **Tableau V.1**. Finalement pour marquer la cohérence de notre démarche, nous avons évalué l'atténuation attendue du signal issu du substrat, en tenant compte du taux de greffage. Nous avons fait l'hypothèse que la couche était homogène et que, en approximation raisonnable, la longueur d'atténuation était inversement proportionnelle à la densité de molécules, la valeur de 3,5 nm étant celle à prendre en compte pour une couverture maximum de $3,75 \cdot 10^{14}$ cm^{-2}, la plus forte densité attendue (1 site de silicium sur 2 greffé). En faisant cela, on obtient les atténuations du signal du substrat (dernière colonne du tableau avec entre parenthèse l'atténuation attendue sans correction du taux de greffage) qui se comparent bien à celles mesurées (colonne 2). Ceci assure une cohérence interne à la méthode.

On constate donc finalement que les échantillons de Si (111) dopés p se sont avérés moins réactifs que ceux dopés n pour des conditions de greffage thermique identiques. Leur taux de couverture avec le décène est évalué à $(1.9 \pm 0.2) \times 10^{14}$ cm^{-2}. Cet effet est peut être un effet cinétique, que nous voyons sur nos échantillons dans la mesure où ils ne sont pas saturés.

Cet effet du dopage sur la réactivité des alcènes est peu discuté dans les travaux publiés [6]. Le mécanisme réactionnel proposé dans la littérature, aussi bien pour la réaction photochimique que pour la réaction électrochimique des alcènes sur les surfaces de carbone [11 ;12] et sur nos surfaces de Silicium [13 ;14], repose sur l'éjection d'un électron de la surface vers l'alcène pour former un anion radicalaire (R⁻ - C°H). L'effet du type de dopage observé pourrait alors être lié à la nature du dipôle de surface induit par la zone de déplétion qui dans le cas du type n présente un défaut de charges négatives, là où le silicium de type p présente un défaut de charges positives et présente donc un caractère répulsif pour l'anion radicalaire. L'état intermédiaire physisorbé (molécule radicalaire + surface) préalablement à la chimisorption pourrait ainsi être plus stable dans le cas d'une surface n que dans celui d'une surface p.

V.4.D   Résultats de structures électroniques

Ces échantillons de Si(111):H greffés par des alcènes simples ont été caractérisés par photoémission UV et photoémission inverse à l'Université de Princeton tandis que d'autres ont été caractérisés seulement par XPS dans notre équipe. De l'ensemble de ces mesures on peut tracer un tableau en terme de résultats de structures électroniques : en particulier de courbures de bandes comparées entre les échantillons de type n et de type p. On ne dispose malheureusement pas d'échantillon de bonne qualité de type p greffé par des C14. La comparaison entre type n et type p ne concernera donc que les échantillons greffés C10.

Le **Tableau V.2** récapitule les positions (non corrigées du travail de sortie de l'analyseur) de la composante Si $2p^{3/2}$ du spectre de photoémission. Les échantillons propres présentent une différence de positionnement des niveaux Si $2p^{3/2}$ entre le type p et le type n de 0,4 eV±0,1 eV reflétant la différence de positionnement du niveau de Fermi dans le gap. Cette différence en schéma de bandes plates serait, au vu de leur niveau de dopage (ordre de grandeur 10^{16} cm^{-3}), de l'ordre de 0,650 ±0,1 eV. Il existe donc sur les échantillons propres une courbure de bande dont ces mesures nous donnent une estimation cumulée de 0,25eV ±0,1 eV. Si on estime que la courbure de bande est de même quantité pour les échantillons de type n et p, alors le transfert de charges correspondant dans la couche d'appauvrissement est de l'ordre de 10^{11} e/cm$^{2.}$

L'évolution, après greffage, de la différence de position des niveaux Si $2p^{3/2}$ entre le type p et le type n vers une valeur de 0,2eV ± 0,1eV est à rapprocher de ce qui est observé en photoémission UV où une différence de courbure de bande de 0,1 eV± 0,1eV est évaluée par le déplacement d'un creux d'émission à 12 eV sous le niveau de Fermi. Par photoémission UV, une mesure des travaux de sortie de 4,15 eV±0,05 eV pour le type n et 4,23±0,05eV pour le type p montre que le niveau de Fermi est encré à des positions très proches pour les deux types d'échantillons greffés [15]. Finalement on peut conclure que nos échantillons greffés n et p présentent de très faibles différences de travaux de sortie. Le niveau de Fermi est donc ancré à la même position pour les deux types d'échantillon à 0,1 eV près.

En utilisant les différences de courbure de bandes entre les échantillons n et p avant et après greffage, et en tenant compte du niveau de dopage des substrats, on peut évaluer un

145

décalage du niveau de Fermi par rapport au haut de bandes de valence de 0,6eV± 0,1eVpour les échantillons de type n et de 0,4± 0,1eV pour les échantillons de type p en bon accord avec la référence [15]. Le transfert de charge supplémentaire après greffage peut être évaluée à quelques 10^{10} e/cm^2, ce qui correspond à une densité d'états de défauts dans le gap de quelques 10^{11} eV^{-1}cm^{-2}

D'après les premières mesures de transport qui ont été effectuées avec une électrode de mercure et qui sont exposées au paragraphe V.6, la valeur de la barrière Schottky évaluée dans le cas des échantillons de type n est de l'ordre de 0,8 eV, cette barrière est essentiellement fixée par l'alignement des niveaux entre le silicium et le mercure, les molécules présentant un fort caractère isolant.

Echantillon	Si 2p$^{3/2}$ (eV) (Si (111) : H échantillon propre)	Si 2p$^{3/2}$ (eV) (échantillon greffé)
SiH30 type n (C10)	104,56±0,05	104,47±0,05
SiH17 type p (C10)	104,15±0,05	104,25±0,05
SiH32n type n (C14)	104,5±0,05	104,42±0,05

Tableau V.2: Positions de la composante Si 2p du spectre XPS obtenues sur différentes échantillons Si (111); dans la première colonne on trouve le nom de l'échantillon et son type de dopage et l'alcène greffé entre parenthèses.

Finalement, les résultats de photoémission UV et de photoémission inverse présentent pour l'échantillon greffé C14 une signature des bandes de valence et de conduction du silicium (notée A et B dans la figure 2b du rapport de Princeton en annexe). Sur les échantillons de l'Institut Weizmann ([14] et rapport de Princeton en annexe) ces signatures ne sont pas observées pour la molécule C14 et le sont pour la molécule C10. Cette différence suggère une différence d'atténuation par ces deux molécules du fait de leur différence de longueur. Dans notre cas, ce résultat supplémentaire confirme ce que nous avons constaté dans nos mesures XPS, à savoir que le taux de greffage de nos échantillons (en particulier le C14 de type n) est trop faible.

146

V.4.E   Discussion

Dans ce travail, il s'agissait de mettre au point un procédé de greffage par évaporation propre à l'équipe et complémentaire des méthodes développées par nos collègues chimistes. Pour valider notre montage expérimental, il nous est donc apparu intéressant de réaliser des structures modèles et de les caractériser en XPS mais aussi en UPS, IPES et mesures de transport.

Voici les principales conclusions que l'on peut tirer des mesures de photoémission :

1) pour ce qui concerne le degré de présence d'oxygène dans nos échantillons, il trouve essentiellement son origine dans la préparation ou le transfert de la surface hydrogénée dans notre bâti. Il est tout à fait comparable à ce que l'on trouve pour les meilleurs résultats rapportés pour les méthodes en phase liquide (Eric Salomon et Antoine Kahn, communication privée). Il est donc clair que si l'on veut tirer le meilleur parti de la méthode par évaporation il est nécessaire de partir de surfaces propres obtenues sous ultravide.

2) Les échantillons de Si(111) :H que nous avons préparés se comparent bien en qualité à l'état de l'art. La différence de position du niveau de Fermi dans le gap trouvée entre les échantillons de type p et n, de l'ordre de 0.4 eV, est compatible avec le taux de dopage. Ceci indique une très bonne qualité des surfaces de départ malgré la pollution résiduelle.

3) Les taux de couverture que nous avons obtenus sont en général en dessous des meilleurs taux rapportés dans la littérature. Il serait sans doute nécessaire d'améliorer ce point.

4) Les valeurs du travail de sortie mesurées sur les échantillons greffés C10 sont de 4.15 eV et 4.23 eV (marge d'erreur 0.05 eV) respectivement pour les dopages n et p, en accord convenable avec ce qui est trouvé dans la littérature **[15 ;16]**

5) Les résultats de photoémission UV et de photoémission inverse sont comparables à ceux mesurés sur les échantillons de l'institut Weizmann **[15]**. Les différences observées sont essentiellement dues aux différences de taux de greffage.

6) Pour le greffage par le décène, les variations de courbure de bandes induites par le greffage sont comparables à ce qui est obtenu pour les échantillons de la référence **[15]**.

V.5 <u>Conclusion</u>

Pour les alcènes linéaires étudiés dans ce travail, chaque type de molécule semble avoir une température de seuil, à partir de laquelle on commence à observer un greffage de molécules sur la surface. Cette température est de 160°C pour les alcènes simples et 230°C pour les molécules fluorées.

Les études qualitatives et quantitatives de spectroscopie XPS de la surface Si (111) modifiée par des alcènes simples ou fluorés, ont montré que le greffage thermique en phase vapeur (dans notre bâti UHV) est extrêmement propre et ne provoque aucune contamination de la surface.

On a aussi remarqué que les surfaces de Si (111) dopé n sont plus réactives que celles dopé p. En utilisant les mêmes paramètres de dépôt (230°C) pour les deux types de surfaces, on a toujours trouvé une densité de molécules plus élevée sur les surfaces de silicium dopé n que sur les surfaces de silicium dopé p. Une saturation semble atteinte à 300°C pour les deux types de dopages.

La nature de la molécule a un rôle crucial sur la cinétique de greffage. Pour atteindre le maximum de taux de couverture de surface sur les échantillons de Si dopé n ou p, on a besoin de plus de cinq heures avec les alcènes simples et de seulement une heure avec les alcènes fluorés.

Les densités de molécules de perfluoro-1-décène obtenues sur les différents échantillons de Si (111) varient de 1.4 à 3 10^{14} cm^{-2} suivant la température utilisée (entre 160°C et 300°C) pendant le greffage. Pour les alcènes simples greffés sur les surfaces de Si (111), on n'a jamais observé un effet de température sur le taux de couverture de surface entre 160°C et 300°C.

V.6 Mesure des caractéristiques courant-tension

V.6.A Dispositif expérimental

Les mesures des caractéristiques courant-tension I-V sont réalisées sur des structures sandwich de type métal – isolant – semi-conducteur (MIS). Le semi-conducteur est un substrat de silicium (dopé de type p ou de type n) et l'isolant est la couche moléculaire immobilisée par une liaison covalente Si-C d'interface. Le taux de couverture de cette couche et les défauts d'interface (sites du Si(111) n'ayant pas réagi) peuvent influencer le comportement de ces dispositifs. On s'intéressera également à leur stabilité dans le temps dans des conditions d'humidité contrôlée.

Pour l'électrode métallique, nous avons choisi, dans cette phase exploratoire, d'utiliser une électrode à goutte de mercure. Ce métal liquide possède une très grande tension superficielle (485 mJ.m^{-2}) qui limite le mouillage ou la diffusion du métal à travers des "pinholes" au sein des couches moléculaires et empêche ainsi les courts-circuits électriques avec le substrat. Des mesures XPS réalisées après la formation de jonctions Hg / Si ou Hg / monocouche moléculaire ne montrent pas de traces de mercure persistantes sur la surface [17]. Cette technique a été utilisée avec succès dans la littérature sur des systèmes moléculaires [18;19;20].

Ce système permet de tester relativement facilement la reproductibilité des mesures et l'homogénéité du greffage, à l'échelle macroscopique, en plusieurs points de l'échantillon. On peut également observer l'évolution des caractéristiques I-V : a) en fonction de l'exposition à l'atmosphère ambiante ; b) en fonction de fortes tensions appliquées (bias stress) qui impliquent de fortes densités de courant à travers le système moléculaire (de l'ordre de 1 A.cm^{-2}).

La production des gouttes de mercure est assurée par un système du type électrode de Kemula (**Figure V.16**), comportant un réservoir étanche (joint téflon) et un piston permettant de pousser le mercure à travers un capillaire en verre (diamètre 300 microns). On peut ainsi travailler avec des gouttes de mercure de diamètre compris entre 0.25 et 1.0 mm de diamètre, posées sur la surface de la couche moléculaire.

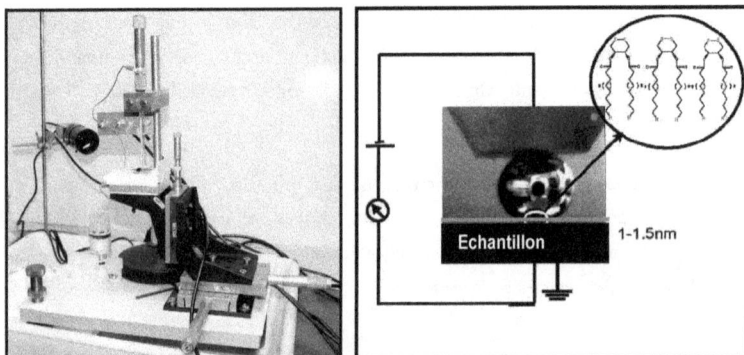

Figure V.16: Système de mesure du transport électrique I-V avec une électrode liquide à goutte de mercure ; l'échantillon à mesurer est collé sur une platine x-y.

Il est important de contrôler la stabilité de la taille de goutte pour être en mesure de définir de façon fiable la densité de courant J (A.cm^{-2}). Le renouvellement régulier de l'électrode de mercure permet d'éviter la contamination de l'interface mercure / couche moléculaire ; celle-ci conduit à des instabilités des mesures et à une diminution de la densité de courant. La mesure de courant est réalisée par un contact électrique (Platine) plongeant dans le réservoir de mercure et l'application de la tension est réalisée à travers le porte-échantillon métallique sur lequel on colle (avec de la laque d'argent conductrice) les échantillons de silicium désoxydés par abrasion mécanique.

Un pico-ampèremètre Keithley 6487 délivre une rampe de tension avec un pas minimal de 1 mVolt. La vitesse de balayage est comprise entre 3 mV/s (faibles tensions) et 30 mV/s (fortes tensions). La tension maximale appliquée est typiquement comprise entre -3 Volt et + 3 Volt. La densité de courant J (A.cm^{-2}) pouvant varier de près de 10 ordres de grandeur sur un même échantillon, l'acquisition est réalisée en changeant le calibre et en utilisant les mesures supérieures à 0.5% de la pleine échelle. Une correction des caractéristiques J - V est nécessaire dans le régime à fort courant ($J > 100$ mA.cm^{-2}) pour tenir compte de la chute ohmique dans le Si cristallin (résistivité 1-10 Ω.cm).

Les échantillons sont mesurés sous obscurité en raison de la sensibilité des dispositifs MIS étudiés à la lumière ambiante, en particulier avec les substrats de silicium de type n. Le dispositif expérimental de mesure est installé dans une boîte à gants dans lequel on maintient un degré d'humidité inférieur ou égal à 25 % de la pression de vapeur saturante. On utilise pour cela un double piégeage de la vapeur d'eau : a) chimique à l'aide de silicagel (Acros Organics), b) physique par condensation par un piège froid (azote liquide). Ces conditions de mesure correspondent également aux conditions du "vieillissement" de l'échantillon de silicium greffé avec la molécule alcane en C14 qui sera étudié au paragraphe suivant.

V.6.B   Dispositifs MIS mesurés

La mesure des dispositifs a été réalisée sur deux séries de structures MIS, avec pour chacune des substrats de Si cristallin de type p (résistivité 1-10 Ω.cm, 10^{16} cm^{-3}) ou de type n (résistivité 1-20 Ω.cm, 10^{16} cm^{-3}) :

a) comparaison Si(111) : H (préparé selon la procédure décrite au Chapitre IV), Si(111) : oxyde natif, et Si(111) : Perfluoro-1-décène (taux de couverture 2.3×10^{14} cm^{-2}).

b) comparaison de chaînes alcanes de longueurs différentes en C14 (SiH32N, $3.5 \pm 0.2 \times 10^{14}$ cm^{-2}) et en C10 (SiH30N, $2.5 \pm 0.2 \times 10^{14}$ cm^{-2}) greffées sur Si(111):H, avec des taux de couverture assez proches. Pour la couche en C10, nous comparerons deux greffages avec des taux de couverture différents : SiH25N ($1.2 \pm 0.2 \times 10^{14}$ cm^{-2}) et SiH30N ($2.5 \pm 0.2 \times 10^{14}$ cm^{-2}).

Dans les systèmes que nous avons étudiés, nous avons donc une liaison covalente de la molécule avec le semi-conducteur et une interaction de van der Waals avec l'électrode de mercure. Cette configuration des contacts électriques est susceptible d'influencer la hauteur de la barrière tunnel, les dipôles et les transferts de charge ayant une influence sur la position des orbitales HOMO et LUMO par rapport au niveau de Fermi des électrodes [21].

Epaisseur de la couche organique d (nm)	C10 SiH25N	C10 SiH30N	C14 SiH32N
Epaisseur attendue [*]	1.30 – 1.41	1.30 – 1.41	1.75 – 1.91
Mesure Ellipsométrie	-	1.41 (n = 1.42)	1.72 (n = 1.38)
Mesure XPS	-	1.0	1.3
Modélisation I-V	1.1	1.3	1.8

Tableau V.3: Epaisseur de la couche moléculaire : a) valeur attendue pour des angles d'orientation moyenne de 25° et 0° par rapport à la normale [22] ; b) épaisseurs déduites des mesures optiques (ellipsométrie) et de la spectroscopie de photoélectrons ; c) valeur utilisée pour la modélisation du transport électrique.

La description du mécanisme de tunneling nécessite de connaître précisément la longueur des chaînes alkyl en C10 et en C14. En tenant compte d'une orientation moyenne des molécules par rapport à la normale comprise entre 25° et 0°, la valeur attendue de l'épaisseur de la monocouche est de 1.75 – 1.91 nm pour la couche C14 et de 1.30 – 1.41 nm pour la couche C10 **[22]**.

A partir des mesures d'ellipsométrie spectroscopique, les valeurs ajustées de l'épaisseur (± 0.1 nm) sont conformes aux valeurs géométriques attendues pour une monocouche moléculaire. Les valeurs ajustées de l'indice (± 0.05) sont proches des valeurs attendues pour les alcanes liquides (n ~ 1.4 - 1.5). En XPS, à partir de l'atténuation du signal Si 2p du silicium par la couche moléculaire, et de l'équation $d = \lambda_{ML} \, Ln \, [1 + (\%C \, / \, \%O+\%Si)]$ avec $\lambda_{ML} = 0.35$ nm, on trouve une épaisseur équivalente de l'ordre de 1.3 ± 0.2 nm pour la couche **C10** et de 1.8 nm pour la couche **C14**. Ce résultat confirme la différence systématique (rapportée dans la littérature) entre les épaisseurs obtenues par des mesures optiques et par la spectroscopie de photoélectrons.

V.6.C   Résultats

V.6.C.i Influence du dopage du Si (111)

L'influence du dopage du substrat de silicium sur les caractéristiques courant-tension a été observée sur des structures **Si(111) / OML / Hg**. Pour les dopages utilisés (résistivité 1-10 Ω.cm), on observe systématiquement les résultats qualitatifs suivants : le substrat de type **p** conduit à une caractéristique presque symétrique en fonction de la polarité, alors que le substrat de type **n** conduit à un comportement redresseur.

Ce résultat est illustré sur la (**Figure V.17**) pour un greffage en **C10** : la densité de courant est beaucoup plus élevée avec le silicium de type **p**, atteignant rapidement 10^{-1} A.cm^{-2} pour des tensions assez faibles. Enfin on observe que la densité de courant est plus élevée pour une surface oxydée que pour une surface greffée (perfluoro-1-décène ou ester), la surface passivée Si(111) :H présentant une caractéristique intermédiaire (**Figure V.18**).

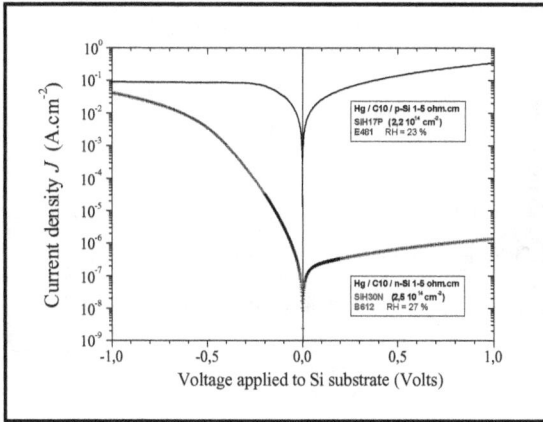

Figure V.17: Courbes *J-V* pour deux échantillons de Si (111) greffés 1-décène avec des taux de couverture de 2.5 10^{14} cm^{-3}, le premier dopé p et le deuxième dopé n.

Pour les jonctions avec un comportement redresseur, la densité de courant inverse est constante (à 20% près) en fonction de la taille de la goutte de mercure (pour des diamètres compris entre 0.2 et 1 mm). Par contre, le courant direct augmente très lentement en fonction de la surface du contact électrique, ce qui ne permet pas de définir une densité de courant absolue. Pour cette raison, pour des jonctions différentes, nous essaierons de comparer des mesures réalisées avec des surfaces similaires, de l'ordre de 3×10^{-3} cm^2 (diamètre 600 microns).

La présence de "défauts" tels que des zones localisées présentant de faibles hauteurs de barrière reste une hypothèse qui nécessiterait l'utilisation de diagnostics en champ proche.

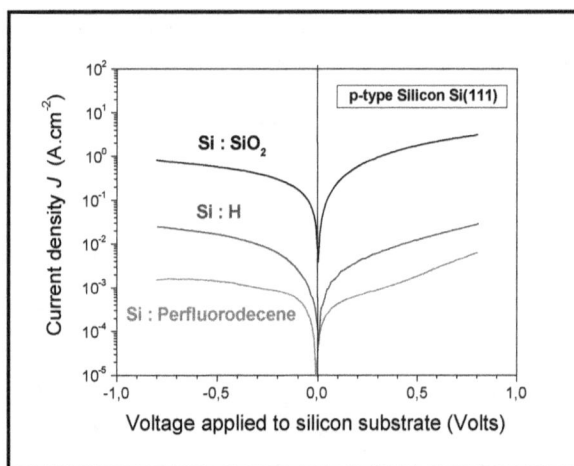

Figure V.18: Courbes J-V pour 3 échantillons de Si, le premier greffé perfluoro-1-décène, le deuxième hydrogéné et le troisième oxydé.

V.6.C.ii Comparaison des jonctions Si(111) : C10 et Si(111) : C14

Pour le substrat de silicium de type **n**, on observe un caractère redresseur pour les jonctions Si(111) : **C10** mais surtout pour la jonction Si(111) : **C14** (**Figure V.19**). Dans ce dernier cas, la densité de courant en direct varie sur 9 ordres de grandeur (entre 10^{-9} A.cm^{-2} et 1 A.cm^{-2}) et en inverse, la densité de courant est de l'ordre de 10^{-7} A.cm^{-2}.

Pour les couches en **C10**, la densité de courant inverse est plus élevée ; elle atteint 3×10^{-6} A.cm^{-2} à +1 Volt. La dispersion des résultats est plus grande pour la jonction **SiH25N** qui possède le taux de couverture le plus faible (1.2×10^{14} cm^{-2}). En polarisation directe et aux faibles tensions, la forme des caractéristiques est très différente pour les trois jonctions ; un comportement exponentiel est observé jusqu'à -0.50 Volt pour la couche **C14** (suivi d'un régime de saturation) alors que ce régime exponentiel est limité à une plage de potentiel plus étroite (-0.10 ou -0.20 Volt) pour les deux couches en **C10**. Aux très fortes polarisations directes, jusqu'à -1 Volt, la forme des courbes est identique pour les différentes jonctions. Ce régime de croissance lente et monotone de la densité de courant est observé jusqu'à -3 Volt.

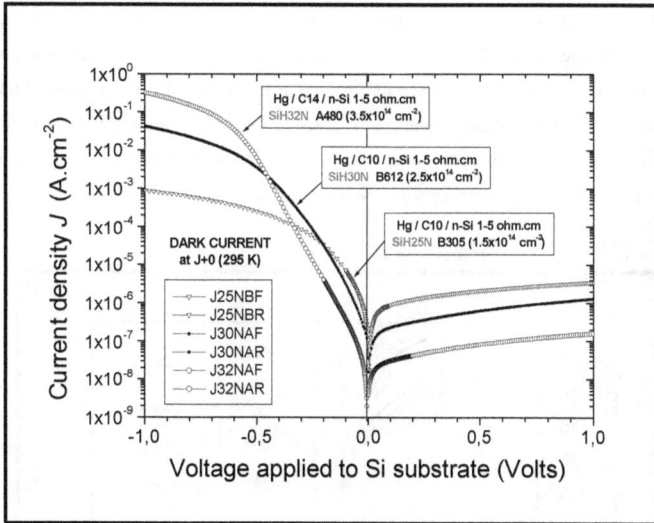

Figure V.19: Courbes *J-V* de trois échantillons de Si (111) dopés n, un modifié par le tetradécène et les deux autres modifiés par le 1-décène.

Nos observations pour la couche **C14** confirment les données de la littérature pour le greffage covalent d'alcènes (C12 à C18) sur Si(111) :H par un procédé thermique en phase liquide [20]. Le premier régime, aux faibles tensions, est décrit par à un comportement de type barrière de Schottky (Hg / Si) très peu sensible à la longueur de la chaîne alkyle. Lorsque la tension augmente, cette barrière est progressivement abaissée, et c'est le mécanisme de tunneling à travers la couche moléculaire qui devient limitant à forte tension appliquée.

V.6.C.iii   Etude de la stabilité de la jonction Si(111) : C14

Sur la (**Figure V.20**), la caractéristique mesurée entre -1 Volt et +1 Volt correspond à l'état initial de l'échantillon **C14** greffé sur un substrat de silicium de type **n**, après la mesure XPS et quelques heures d'exposition à l'ambiante après sa sortie du bâti ultravide. Le vieillissement de ce dispositif a été étudié jusqu'à 140 jours de stockage dans la boîte à gants sous hygrométrie contrôlée (RH < 30%). Une évolution des caractéristiques courant-tension est observée, avec une saturation apparente entre 47 jours et 140 jours.

Dans son état initial, la couche **C14** présente un caractère redresseur très marqué (**Figure V.20**) la densité de courant variant sur 9 ordres de grandeur (entre 10^{-9} A.cm^{-2} et 1 A.cm^{-2}). En inverse, la densité de courant est de l'ordre de 10^{-7} A.cm^{-2}. On observe un comportement remarquable entre 0 et -400 mV, avec une augmentation exponentielle du courant sur 5 ordres de grandeur en fonction de la tension directe appliquée. Une saturation de la densité de courant est visible au-delà de - 0.6 V qui marque la transition vers le régime où le transport est limité par le tunneling à travers la couche moléculaire.

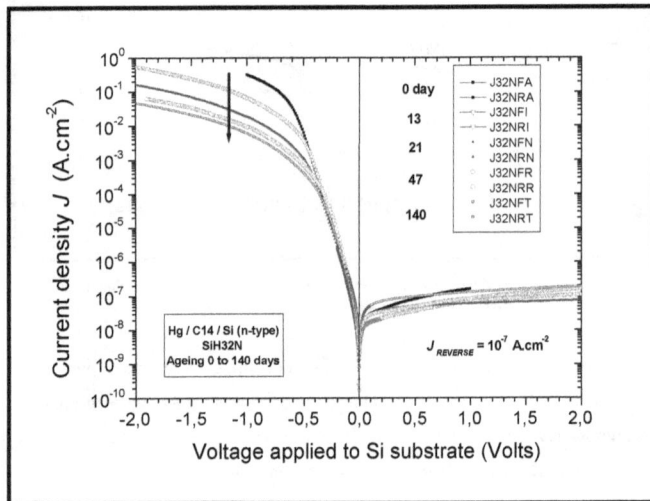

Figure V.20: Evolution de la courbe *J-V* d'un échantillon Si (111) : C14 avec le temps.

Au cours du "vieillissement" de la couche **C14**, la (**Figure V.20**) montre que les caractéristiques I-V ne sont pratiquement pas affectées dans le régime dominé par la barrière de Schottky, mais une chute de deux ordres de grandeur apparaît dans régime dominé par le mécanisme de tunneling. Les caractéristiques I-V évoluent peu en inverse, la densité de courant restant stable à environ 10^{-7} A.cm^{-2} ; cependant, la forme de la caractéristique inverse devient de plus en plus plate au cours du temps.

Dans le paragraphe suivant, nous allons modéliser ces comportements dans le but de définir les paramètres caractéristiques de la structure de bandes de ces jonctions moléculaires

V.6.D   Modélisation

Nous nous intéressons en premier lieu à la barrière de Schottky qui limite le transport aux faibles tensions pour les substrats de silicium dopés n.

Le travail de sortie du mercure, Φ (Hg) = 4.49 eV, est plus grand que celui du silicium dopé de type **n**, Φ (n-Si) = 4.3 eV. Le gap du silicium est de 1.1 eV et le niveau de Fermi est situé à environ 0.4 eV de la bande de conduction. Lorsque l'on crée une jonction entre ces deux matériaux et que leurs niveaux de Fermi sont à l'équilibre, il apparaît un décalage de leurs niveaux du vide respectifs, qui se traduit également par une zone de charge d'espace positive dans le semi-conducteur (**Figure V.21 [20]**). La caractéristique J-V est donc bloquante pour une tension positive appliquée au substrat de type n (**Figures V.19-V.20**).

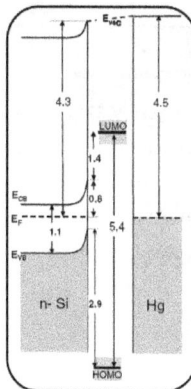

Figure V.21: Diagramme d'énergie proposé pour le système n-Si-C$_{14}$H$_{29}$|| Hg d'après les mesures UPS, IPES et les courbes J-V [20].

157

Dans le modèle d'émission thermoélectronique **[23]**, la densité de courant J_{THERM} est donnée par :

Equation V.6: $J_{THERM}(V) = A^* T^2 \exp(-q\Phi_B/kT) [\exp(qV/nkT)-1]$.

Le facteur d'idéalité n traduit le déplacement relatif du niveau de Fermi à l'interface en fonction du potentiel appliqué, V, à la structure. La constante de Richardson A^* pour le silicium de type **n** est égale à 119 A.cm^{-2}.K^{-2}.

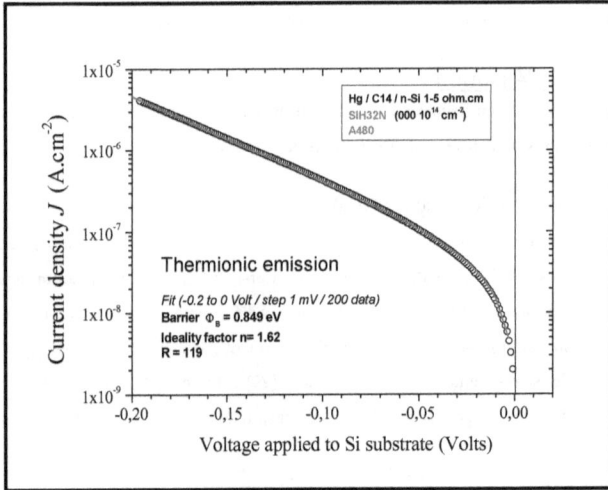

Figure V.22: Modélisation de la densité en direct par un mécanisme d'émission thermoélectronique

Un ajustement des paramètres Φ_B et n (**Figure V.22**) conduit aux valeurs données dans le **Tableau V.3**. On notera que la fenêtre de potentiel dans laquelle la loi ci-dessus est vérifiée est beaucoup plus restreinte dans le cas des jonctions en **C10**. La précision est de l'ordre de ± 0.01 pour le facteur d'idéalité n et de ± 0.001 eV pour la hauteur de barrière Φ_B. La densité de courant de saturation $J_0 = A^* T^2 \exp[-q\Phi_B/kT]$ est de l'ordre de 10^{-7} à 10^{-6} A.cm^{-2}.

Modélisation des caractéristiques I-V	C10 SiH25N	C10 SiH30N	C14 SiH32N
Plage de tension directe	0 / - 100 mV	0 / - 150 mV	0 / - 200 mV
Hauteur de barrière (eV)	0.771	0.800	0.849
Facteur d'idéalité n	1.82	1.58	1.62
J_0 (A.cm^{-2})	1.1×10^{-6}	3.7×10^{-7}	5.5×10^{-8}

Tableau V.3 : Ajustement des paramètres (Φ_B et n) du modèle d'émission thermoélectronique aux caractéristiques J-V des trois jonctions moléculaires considérées.

Pour la molécule en **C10**, la valeur de la hauteur de barrière (0.77 eV) est plus faible pour le taux de couverture le plus faible. En comparant les couches denses **C10** (0.80 eV) et **C14** (0.85 eV), possédant des taux de couverture similaires, nous observons que la couche en **C14** possède une plus grande énergie de barrière.

Pour la molécule en **C10**, le facteur d'idéalité est plus élevé pour le taux de greffage le plus faible ; pour les couches moléculaires **C10** (1.58) et **C14** (1.62), leurs valeurs sont assez proches et leur comparaison s'avère difficile car elle dépend sensiblement de la plage de potentiel considérée.

La hauteur de barrière due aux travaux de sortie respectifs du mercure et du silicium devrait être identique pour des interfaces idéales. Les différences observées proviennent des densités d'états d'interface entre le silicium et la couche moléculaire. On ne peut pas écarter l'influence d'une oxydation du silicium dans le cas de couches moléculaires à faible taux de couverture. Notons enfin que des valeurs similaires ont été obtenues pour le greffage covalent d'alcènes sur Si(111) :H **[20]**. Elles seront discutées ultérieurement.

Nous abordons maintenant le régime des fortes tensions pour lesquelles le transport est limité par le tunneling à travers la couche moléculaire et la densité de courant devient moins dépendante du potentiel appliqué (**Figure V.23**).

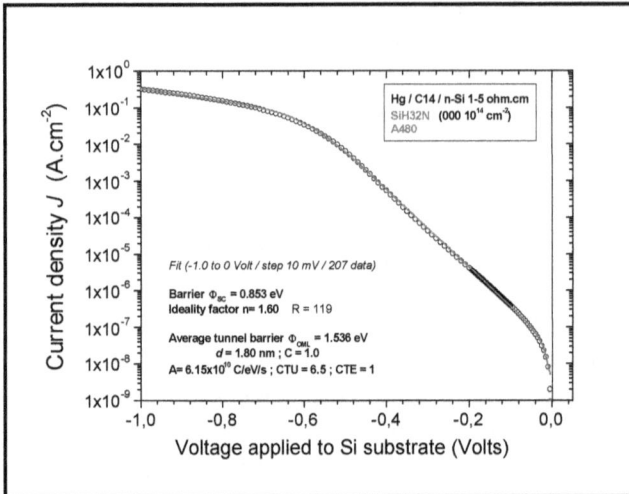

Figure V.23: Modélisation de la densité de courant combinant l'émission thermoélectronique à faible potentiel et le transport à travers une barrière tunnel, diminuant à forte tension appliquée.

La densité de courant tunnel variant exponentiellement avec la distance d, il est commode de définir l'inverse d'une longueur d'atténuation, β, permettant de décrire le courant tunnel comme $J(V) \approx \exp(-\beta\, d)$ avec une dépendance de β en fonction du potentiel V à travers la barrière tunnel : $\beta(V) = [8\, m^*(\Phi_{OML} - qV/2)\,/\,\hbar^2\,]^{\frac{1}{2}}$ où m^* est la masse effective et $\hbar$ la constante de Planck.

La valeur de β ($V=0$) dépend du couplage avec les électrodes à travers la valeur de la hauteur de barrière effective Φ_{OML}. Pour le tunneling des trous à travers une monocouche moléculaire alkyl, on admet généralement une valeur de β ($V=0$) = 6.5 nm^{-1} **[24]**; on obtient ainsi une valeur de barrière apparente ($\beta\, d\, kT$) à température ambiante (0.29 eV pour la couche **C14** avec d = 1.8 nm ; 0.21 eV pour la couche **C10** avec d = 1.3 nm, 0.18 eV pour la couche **C10** avec d = 1.1 nm).

160

Le modèle de Simmons **[25 ;26]** décrit les transitions tunnel inélastiques (non résonantes) à travers une barrière rectangulaire d'épaisseur d et de hauteur moyenne (Φ_{OML}). Dans ce modèle, communément utilisé pour les couches d'oxydes et les barrières moléculaires, les hypothèses principales supposent une variation linéaire du potentiel en fonction de la distance à travers la couche isolante, et en fonction du potentiel appliqué **[27]**. Différentes expressions analytiques permettent de décrire différentes gammes de tensions appliquées à la barrière.

En utilisant les paramètres $C = [8m^*/\hbar^2]^{\frac{1}{2}} \approx 1$ et $S = [q^2/4\pi^2\hbar] = 6.15\times10^{10}$ C/eV/s (si on exprime Φ_{OML} en eV et d en Å), on obtient l'expression de la densité de courant tunnel pour des tensions modérées **[25 ;26]**. :

Equation V.7: $(d^2/S) J_{\text{TUNNEL}} =$

$$(\Phi_{OML} - qV/2)\exp[-Cd\ (\Phi_{OML} - qV/2)^{\frac{1}{2}}] - (\Phi_{OML} + qV/2)\exp[-Cd\ (\Phi_{OML} + qV/2)^{\frac{1}{2}}]$$

Les paramètres d'épaisseur d et de hauteur (Φ_{OML}) de la barrière tunnel étant fortement couplés, il importe de connaître précisément l'épaisseur géométrique de la couche moléculaire. En utilisant les valeurs attendues et les mesures d'ellipsométrie, l'épaisseur d du modèle a ainsi été fixée à 1.8 nm pour la couche **C14** et à 1.3 nm ou 1.1 nm pour les couches **C10**.

Les paramètres ajustables restants sont la hauteur de la barrière tunnel (Φ_{OML}) et le paramètre $C = [8m^*/\hbar^2]^{\frac{1}{2}}$. Cependant, la masse effective m^* (ou le paramètre libre C) du modèle va pouvoir s'écarter de la valeur attendue pour plusieurs raisons possibles : a) la distance de tunneling est différente de l'épaisseur géométrique, b) la forme de la barrière est asymétrique ou non rectangulaire, c) la chute de potentiel n'est pas linéaire au sein de la molécule. La valeur numérique obtenue pour (Φ_{OML}) dépend donc fortement de toutes ces hypothèses.

Enfin, la modélisation sur toute la plage de potentiel direct ($|V| < 1.0$ Volt) nécessiterait de connaître la fraction du potentiel appliquée à la barrière de Schottky à la surface du silicium et la chute de potentiel au sein de la molécule. En première approximation, on considère que les deux barrières sont couplées [15], avec

$$\textbf{Equation V.8:}\ (1 / J(V)) = (\alpha / J_{TUNNEL}) + (1 / J_{THERM}).$$

Les paramètres de la barrière de Schottky sont fixés (**Tableau V.4**) pour assurer l'ajustement aux faibles tensions. Les paramètres α, C et Φ_{OML} étant couplés, on choisit une valeur de α permettant d'obtenir un facteur C proche de 1. La (**Figure V.23**) (obtenue pour la couche en **C14**) montre que pour α fixé (de l'ordre de 6.5), la précision est de l'ordre de ±0.01 pour le facteur C et de ±0.02 eV pour la hauteur de barrière Φ_{OML}. On gardera cette valeur de α pour décrire les caractéristiques des autres couches moléculaires.

Dans leur état initial, les couches présentent un comportement qui peut être décrit par les paramètres suivants :

Modélisation du Courant tunnel	C10 SiH25N	C10 SiH30N	C14 SiH32N
Plage de tension directe	-1 V / - 0.5 V	-1 V / - 0.5 V	-1 V / - 0.5 V
Epaisseur de la Barrière tunnel d (nm)	1.1	1.3	1.8
Barrière tunnel Φ_{OML} (eV)	3.25	1.73	1.54
Paramètre C	1.48	1.48	1.00
α	2.7	6.5	6.5

Tableau V.4 : Ajustement des paramètres (Φ_{OML}, C et α) du modèle d'émission thermoélectronique aux trois jonctions moléculaires considérées.

V.6.E   Discussion

En utilisant du silicium Si (111) avec des résistivités comparables à celles utilisées dans cette thèse, Liu *et al.* **[18]** et Maldonado *et al.* **[17]** ont étudié l'effet du type de dopage sur des surfaces non greffées **Si(111) :H / Hg** : le Si de type **n** conduit à une caractéristique symétrique, alors que le substrat de type **p** conduit à un comportement redresseur. Les dispositifs **Si(111) / SiO$_x$ / Hg** ont un comportement redresseur pour les deux types de dopage.

Pour les surfaces greffées **Si(111) - CH$_3$ / Hg**, ils observent le comportement opposé à celui des surfaces non greffées : le Si de type **p** conduit à une caractéristique symétrique, alors que le substrat de type **n** conduit à un comportement redresseur. Cette observation est en accord avec les résultats du groupe de D. Cahen **[20]** pour des chaînes alkyl en **C12 - C18** greffées sur silicium Si(111).

Seitz et al. **[22]** ont comparé la qualité des monocouches organiques greffées sur silicium à partir des mesures d'angle de contact et des caractéristiques courant-tension. Ils concluent que de faibles différences affectant le désordre au sein de couche organique apparaissent clairement dans les propriétés de transport, en particulier aux faibles tensions appliquées pour lesquelles le mécanisme dominant est l'émission thermoélectronique. Dans ce régime, c'est la hauteur de la barrière de potentiel (effective) $\Phi_{B\ EFF}$ dans le semi-conducteur qui est sensible à la qualité du greffage.

En comparant les couches **C10** avec différents taux de couverture, nous observons effectivement ce type de comportement sur le courant inverse et le courant direct à faible tension. La valeur de la hauteur de barrière (0.77 eV) est plus faible pour le taux de couverture le plus faible. En comparant les couches **C10** (0.80 eV) et **C14** (0.85 eV) avec des taux de couverture similaires, nous observons que la couche en **C14** possède une plus grande énergie de barrière.

Notons que ces valeurs sont typiques des couches moléculaires alkyl greffées sur silicium de type **n**. La hauteur de barrière (Φ_B) est comprise entre 0.85 et 0.80 eV pour des chaînes alkyl courtes (CH$_3$, C$_2$H$_5$, C$_3$H$_7$) **[17]** et reste proche de 0.80 eV pour des chaînes alkyl plus longues (C12 à C18) **[20]**. Les valeurs publiées du facteur d'idéalité pour des jonctions moléculaires de bonne qualité sont comprises entre 1.33 et 2.10.

On peut se demander si la faible hauteur de barrière (Φ_B) observée pour le taux de couverture le plus faible pourrait résulter en partie d'une oxydation plus facile des sites de surface du silicium qui n'ont pas été greffés. On constate sur des surfaces **Si(111) / SiO$_x$ / Hg** que la hauteur de barrière pour du silicium de type **n** est de 0.73 eV **[17]** et que cette valeur est proche de celle observée sur la couche **C10** (SiH25N) avec le plus faible taux de greffage. Cette hypothèse semble donc raisonnable.

Les études de vieillissement réalisées sur la couche **C14** montrent que le régime d'émission thermoélectronique (à faible potentiel direct, $|V| < 0.4$ Volt) est peu affecté alors que le régime de tunneling à travers la couche moléculaire (à fort potentiel direct, $|V| > 0.6$ Volt) révèle une chute du courant direct de deux ordres de grandeur.

On peut donc *a priori* écarter la création de défauts (du type double liaisons C=C au sein des chaînes alkyl ou de ponts C-C interchaînes) qui contribueraient à augmenter le courant tunnel **[28]**. L'évolution observée semble donc être liée à l'interface molécule / semi-conducteur.

Si on attribue cette évolution lente (140 jours) à une oxydation de la surface du silicium, on peut attendre deux phénomènes non exclusifs : a) un comportement plus proche de celui attendu pour l'interface **Si(111) / SiO$_x$ / Hg**, augmentant ainsi la densité de courant inverse et limitant le caractère redresseur du dispositif ; b) une diminution de la densité des états électroniques de la surface du silicium, réduisant ainsi la densité des états électroniques induits par le substrat dans le gap HOMO-LUMO de la molécule, et qui sont accessibles pour le mécanisme de tunneling **[29]**.

La première hypothèse peut être testée à l'aide des couches moléculaires en **C10**. On constate que la hauteur de barrière observée sur la couche (SiH25N) avec le plus faible taux de greffage est proche de celle observée sur des surfaces **Si(111) / SiO$_x$ / Hg**. A contrario la stabilité de la hauteur de barrière Schottky (Φ_B) au cours du vieillissement de la couche en **C14** (SiH32N) indique que l'oxydation reste suffisamment limitée pour ne pas perturber l'alignement des bandes du silicium.

Expérimentalement, la densité de courant inverse reste stable à environ 10^{-7} A.cm^{-2} ; cette valeur est identique à celle obtenue par **[30]** ou **[17]** sur des jonctions Si / Octadécène lorsque le Si(111) ou (100) n'est pas très fortement dopé.

En conclusion, il reste donc probable que la diminution du courant tunnel au cours du vieillissement soit liée à une réduction de la densité des états électroniques induits par le substrat dans le gap HOMO-LUMO de la molécule. Il faudrait alors plutôt parler d'états électroniques couplés du "système molécule / semi-conducteur" (HOSO et LUSO) **[29]**.

V.7 <u>Conclusion</u>

Ce chapitre visait à présenter le dispositif mis au point pour réaliser, dans des conditions d'ultravide, le greffage activé thermiquement de surfaces de semi-conducteurs en phase vapeur par des alcènes simples ou fluorés. Nous avons voulu montrer que ce dispositif permettait, en ce qui concerne les alcènes simples, de réaliser de tels greffages pour obtenir, sur silicium, des surfaces fonctionnalisées dont les caractéristiques (taux de greffage, structures électroniques et propriétés de transport mesurées avec une électrode de mercure) se comparaient aux résultats obtenus dans la littérature pour les meilleurs échantillons obtenus en phase liquide. De plus pour ce faire, les mesures de transport électrique ont été mises au point au cours de ce travail et constituent donc maintenant une compétence de l'équipe qui aura une place importante dans la suite du projet.

Nos échantillons présentent un taux de pollution faible qui est imputable à la phase de préparation des surfaces de silicium hydrogéné qui nous a demandé un temps important de mise au point. Finalement, nos échantillons présentent un taux de greffage un peu faible, il est possible que nous devions y remédier en utilisant deux températures différentes pour l'activation thermique de la réaction et pour le processus de désorption des molécules physisorbées qui la suit. Dans la suite du projet de l'équipe, il est envisagé d'utiliser des surfaces de semi-conducteurs obtenues sous ultravide (Si(100), GaAs(100)) afin de tirer pleinement parti des possibilités des dispositifs ultravide existants.

Le greffage des molécules fluorées nous a semblé intéressant à étudier dans la mesure où nous voulions l'utiliser sur les couches minces de carbone amorphe.

Références

[1] J. Duchet, B. Chabert, J.P. Chapel, J.F. Gérard, J.M. Chovelon, N. Jaffrezic-Renault, Langmuir 13 (1997) 2271-2278.
[2] Y. Wang, Y. Chang, Langmuir 18 (2002) 9859-9866.
[3] M.K. Kosuri, H. Gerung, Q. Li, S.M. Han, B.C. Bunker, T.M. Mayer, Langmuir 2003; 19: 9315
[4] http://www.lasurface.com/database/elementxps.php
[5] Jilian M. Buriak, Chem. Rev. 102 (2002) 1272-1306.
[6] Q.Y. Sun, L.C.P.M. de Smet, B. van Lagen, M. Giesbers, P.C. Thüne, J. van Engelenburg, F.A. de Wolf, H. Zuilhof, E.J.R. Sudhölter, J. Am. Chem. Soc. 127 (2005) 2514-2523.
[7] A.B. Sieval, R. Linke, H. Zuilhof, E.J.R Sudhölter, Adv. Mater. (Weinheim, Ger) 12 (2000) 1457.
[8] S. Nihonyanagi, D. Miyamoto, S. Idojiri, K. Uosaki, J. Am. Chem. Soc. 126 (2004) 7034.
[9] X. Wallart, C. Henry de Villeneuve, P. Allongue, J. Am. Chem. Soc. 127 (2005) 7871.
[10] P. Gorostiza, C. Henry de Villeneuve, Q.Y. Sun, F. Sanz, X. Wallart, R. Boukherroub, P. Allongue, J. Phys. Chem. B 110 (2006) 5576.
[11] P.E. Colavita, B. Sun, K. Tse, R.J. Hamers, J. Am. Chem. Soc. 129 (2007) 13554-13565.
[12] F. Barrière, A.J. Downard, J. Solide State Electrochem. 12 (2008) 1231-1244.
[13] R.L. Cicero, M.R. Linford, C.E.D. Chidsey, Langmuir 16 (2000) 5688-5695.
[14] N. Shirahata, A. Hozumi, T. Yonezawa, The Chem. Record, 5 (2005) 145-159.
[15] A. Salomon, T. Boecking, O. Seitz, T. Markus, F. Amy, C. Chan, W. Zhao, D. Cahen, A. Kahn, Adv. Mat 19 (2007) 445-450.
[16] T. He, H. Ding, N. Peor, M. Lu, D.A. Corley, B. Chen, Y. Ofir, Y. Gao, S. Yitzchaik, J.M. Tour, J. Am. Chem. Soc. 130 (2008) 1699-1710.
[17] S. Maldonado, K.E. Plass, D. Knapp, N.S. Lewis, J. Phys. Chem. C 48 (2007) 17690-17699.
[18] Y.L. Liu, H.Z. Yu, J. Phys. Chem. B 107 (2003) 7803-7811.
[19] I.D. Sharp, S.J. Schoell, M. Hoeb, M.S. Brandt, M. Stutzmann, Appl. Phys. Lett. 92 (2008) 153301.
[20] A. Salomon, T. Boecking, C.K. Chan, F. Amy, O. Girshewitz, D. Cahen, A. Kahn, Phys. Rev. Lett. 95 (2005) 266807
[21] D. Cahen, A. Kahn, E. Umbach, Mater. Today 8 (2005) 32-41.
[22] O. Seitz, T. Boecking, A. Salomon, J.J. Gooding, D. Cahen, Langmuir 22 (2006) 6915-6922.
[23] S.M. Sze, *Physics of semiconductor devices,* 2nd edition, John Wiley and Sons, New York (1981).
[24] Y. Selzer, A. Salomon, D. Cahen, J. Phys. Chem. B 106 (2002) 10432.
[25] J.G. Simmons, J. Appl. Phys. 35 (1964) 2655.
[26] J.G. Simmons, J. Appl. Phys. 34 (1963) 2581.
[27] A. Vilan, J. Phys. Chem. 111 (2007) 4431-4344
[28] O. Seitz, A. Vilan, H. Cohen, C. Chan, J. Hwang, A. Kahn, D. Cahen, J. Am. Chem. Soc. 129 (2007) 7494-7495
[29] L. Segev, A. Salomon, A. Natan, D. Cahen, L. Kronik, F. Amy, C.K. Chan, A. Kahn, Phys. Rev. B 74 (2006) 165323
[30] C. Miramond, D. Vuillaume, J. Appl. Phys. 96 (2004) 1529-1536.

Chapitre VI: <u>Greffage covalent de monocouches organiques sur la surface de couches minces de carbone amorphe</u>

VI.1 <u>Introduction</u>

La fonctionnalisation des couches minces de carbone est une approche nouvelle et attractive pour produire des dispositifs à base de molécules organiques pour différentes applications comme les capteurs bio-chimiques, et l'électronique moléculaire.

Le greffage de monocouches organiques sur les couches de carbone est très peu exploité notamment sur le carbone amorphe. Cependant, des efforts importants sont investis dans le domaine du greffage thermique et du greffage photochimique de plusieurs types de molécules organiques sur les métaux [1], les surfaces monocristallines du silicium [2 ;3], et plus récemment sur le diamant poly-cristallin [4;5]. Ces travaux ont montré la capacité des chercheurs à contrôler chimiquement les réactions sur ces surfaces, à obtenir des couches organiques assez denses et à comprendre la physique du transport d'électrons à travers les interfaces couches organiques / semi-conducteurs [6].

Mais ces matériaux sont loin d'être parfaits en termes de jonctions électroniques moléculaires à cause des inconvénients qu'ils présentent en termes de robustesse ou de stabilité. Par exemple, les liaisons faibles Au-S qui résultent du greffage des thiols sur la surface de l'or sont peu stables thermiquement. On constate également une forte probabilité d'oxydation des sites Si-H qui n'ont pas réagi au cours du processus de fonctionnalisation du silicium cristallin.

Les couches minces de diamant poly-cristallin peuvent jouer un double rôle comme surface de fonctionnalisation et comme électrode [4] ; elles présentent également de nombreux avantages : grande stabilité thermique, excellente inertie chimique, bonne biocompatibilité, large fenêtre de potentiel électrochimique. Cependant, le diamant en couches minces reste un matériau très rugueux, assez cher et qui nécessite des conditions extrêmes de fabrication ou de préparation de sa surface (très haute température T > 700°C).

Par ailleurs, la stabilité chimique et thermique de certaines surfaces de carbone amorphe et la biocompatibilité de ce matériau font de lui un excellent candidat pour ce type d'applications. Comme pour les surfaces de diamant, la liaison C-C qui se forme entre la molécule organique et la surface est d'une grande robustesse (348 kJ/mol). De plus, les couches minces de carbone amorphe peuvent être fabriquées à des températures proches de l'ambiante par des procédés en phase vapeur permettant d'obtenir des surfaces avec une rugosité inférieure à 1 nm.

Au début de ce travail, en octobre 2005, très peu d'articles parlaient de greffage de monocouches organiques sur des couches minces de carbone amorphe. Par contre, plusieurs groupes ont travaillé sur la fonctionnalisation de certains matériaux à base de carbone comme le diamant [4 ;7], le carbone vitreux [8 ;9] et les résines pyrolysées [10 ;11].

Dans ce chapitre, on étudie la réactivité de la surface des couches minces de carbone amorphe (déposées par pulvérisation et par ablation laser) avec des alcènes linéaires permettant d'obtenir une grande densité de molécules greffées. A l'aide de mesures XPS qui sont analysées de façon qualitative et quantitative, on étudie le greffage thermique résultant de deux procédés : a) en phase liquide à 160°C (chaînes alcanes en C11 avec fonctionnalisation ester, puis pyridine ou ferrocène) en se basant sur le travail déjà accompli sur le Si (111), b) en phase vapeur (160°C - 460 °C, molécules organiques fluorées en C10).

Le procédé de greffage en phase vapeur dans un bâti ultravide permet des mesures XPS *in situ* grâce au montage que j'ai mis en place au cours de ma thèse. Nous cherchons à vérifier que le greffage conduit effectivement à des monocouches organiques. Des tests de stabilité thermique sous ultravide ont été réalisés pour confirmer la robustesse de ce type de dispositifs. Finalement, l'oxydation de ces surfaces greffées à l'atmosphère ambiante a été observée pour caractériser les conditions limites d'application de ces matériaux.

VI.2 Greffage covalent de monocouches organiques sur les couches (a-C) en phase liquide
VI.2.A Procédé de greffage et traitement de désoxydation préliminaire

On applique sur les couches minces de carbone amorphe déposées par ablation laser et par pulvérisation, le procédé de greffage thermique (160°C) de l'undécylénate d'éthyle $CH_2=CH-(CH_2)_8-CO-O-C_2H_5$ en phase liquide qui a déjà été validé sur les échantillons de Si (111) (voir chapitre IV). On applique aussi, sur certains échantillons, la deuxième étape de greffage (**Figure VI.1**) conduisant à la fonction amide (N-C=O) qui est une étape indispensable pour compléter les études de fonctionnalisation sur ce matériau.

Il faut noter que, dans ce travail, la surface des couches minces de carbone amorphe ne nécessite pas une étape d'hydrogénation avant l'étape de greffage, contrairement à toutes les études sur le greffage (photochimique) des surfaces de carbone amorphe publiées pendant ces trois dernières années **[12;13]**. Cette simplification du procédé représente un avantage pour le carbone amorphe. Rappelons que l'étape d'hydrogénation du silicium cristallin exige un travail assez rigoureux de trois heures avant le greffage, ainsi que la préparation de la verrerie deux jours à l'avance.

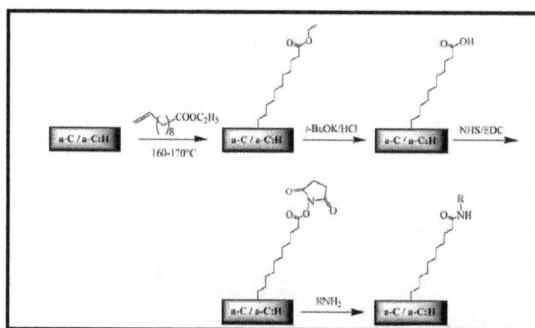

Figure VI.1: Greffage en phase liquide comportant deux étapes « ester + amine » des couches minces de carbone amorphe

Nous allons montrer que les échantillons de carbone amorphe déposés par pulvérisation nécessitent un traitement de désoxydation préalable à leur étape de greffage thermique en phase liquide. Ce traitement consiste à chauffer les échantillons à 450°C pendant quelques dizaines de minutes sous ultravide ou à bombarder la surface de l'échantillon par un plasma d'Argon pendant quelques minutes avec une puissance de l'ordre de 5 watts et une pression d'Argon de l'ordre de 10^{-4} mbar, ou bien à combiner un bombardement puis un recuit. Nous allons également montrer que les échantillons déposés par ablation laser n'ont pas besoin d'être traités avant le greffage. En ce qui concerne le procédé en phase vapeur, le greffage en des alcènes fluorés ne nécessite aucun traitement préalable des surfaces de carbone amorphe quel que soit leur mode de préparation.

VI.2.B Analyse en photoémission XPS de couches de carbone amorphe fonctionnalisées par des monocouches organiques

VI.2.B.i Etude qualitative XPS sur les couches minces de carbone amorphe préparées par pulvérisation

a) Désoxydation de la surface avant le greffage

L'oxygène en surface n'est pas facile à éliminer. Il faut atteindre 450°C **[14]** sous ultravide pour commencer à observer une diminution importante du pic O1s (**Figure VI.2**). Il ne s'agit donc pas simplement une physisorption de la molécule H_2O à la surface de l'échantillon due à son contact avec l'air avant son introduction sous vide, mais plutôt d'une oxydation qui se manifeste par une liaison covalente C-O comme le montre le spectre résolu du niveau de cœur C1s (**Figure VI.7**). Nos couches minces de carbone amorphe contiennent un pourcentage d'oxygène mesuré en XPS de 6 à 10% ; ce traitement nous permet de réduire ce pourcentage de moitié après 20 minutes de chauffage à 450°C. Ce traitement thermique est relativement lent et peu efficace par rapport au traitement par plasma d'Argon qui dure au maximum 5 minutes.

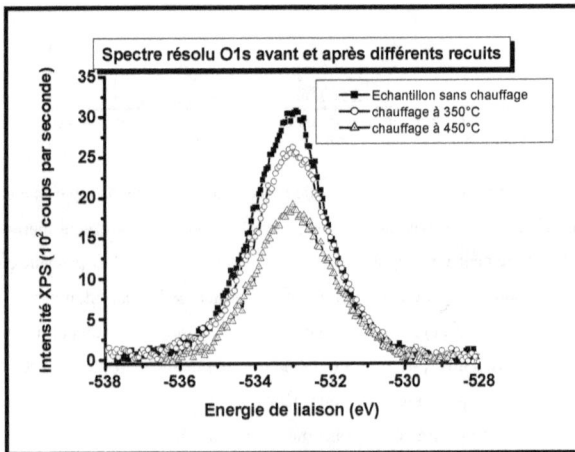

Figure VI.2: Diminution de l'oxygène en surface du carbone amorphe après différents recuits.

En effet, le bombardement ionique de la surface permet d'éliminer l'essentiel de l'oxydation en surface et d'obtenir moins de 1 % d'oxygène (**Figure VI.3**). Cependant, après ce traitement, on observe en XPS un pic d'Argon qui peut être expliqué par une implantation d'atomes interstitiels d'Argon au voisinage de la surface. Son pourcentage est estimé entre 1.5 et 2.5 % au sein de l'épaisseur mesurée en XPS. Un traitement thermique modéré à 350°C réduit ce pourcentage à moins de 1% (**Figure VI.6**).

Le type de traitement utilisé (recuit, bombardement, bombardement puis recuit) n'a pas d'effet notable sur le greffage, mais c'est le pourcentage en oxygène qui semble être crucial pour le taux de couverture (voire partie quantitative VI.2.B.iii).

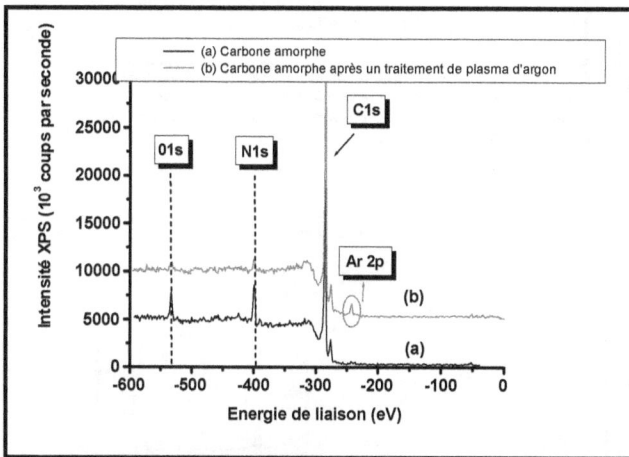

Figure VI.3: Diminution de l'oxygène en surface du carbone amorphe après plasma d'Argon.

b) Efficacité des deux étapes de greffage:

Après la première étape de greffage de l'undécylénate d'éthyle sur un échantillon qui a seulement subi un traitement thermique à 450°C, on remarque une augmentation importante du pic O1s (**Figure VI.4**). Cette augmentation peut avoir deux origines : le greffage de la molécule possédant la fonction ester ou l'oxydation de la surface ou bien les deux effets ensemble. De même, un échantillon qui a subi le chauffage et le traitement plasma présente aussi un comportement similaire du pic O1s (**Figure VI.5**) après le processus de greffage de l'undécylénate d'éthyle.

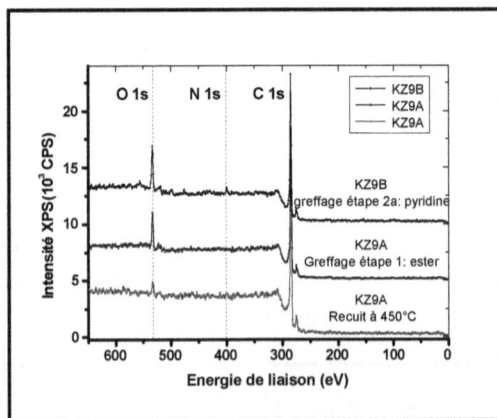

Figure VI.4: Spectres larges décalés verticalement (en intensité) montrant l'évolution des éléments chimiques en fonction du greffage subi par un carbone amorphe déposé par pulvérisation.

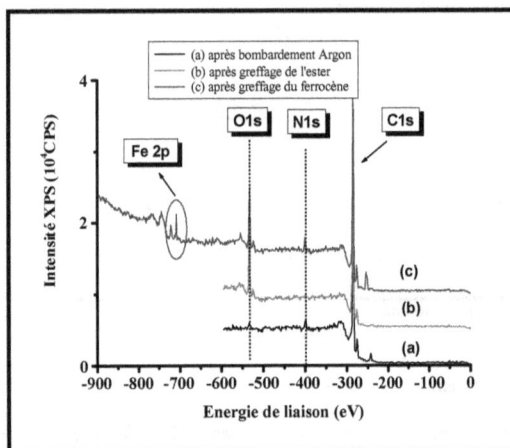

Figure VI.5: Spectres larges décalés verticalement (en intensité) montrant l'évolution des éléments chimiques en fonction du greffage subi par un carbone amorphe déposé par ablation laser.

L'observation du spectre résolu du niveau de cœur Ar 2p (**Figure VI.6**) indique une diminution importante de son intensité après le greffage de molécules possédant la fonction ester. Ceci peut être lié à deux causes hypothétiques. La première cause serait la désorption des atomes d'Argon implantés au voisinage de la surface au cours du processus de greffage à 160°C. La deuxième cause serait l'atténuation du signal des atomes d'argon par la molécule greffée. En observant la (**Figure VI.6**), on remarque qu'un traitement thermique à 160°C ou à 190°C sous ultravide n'a aucun effet sur le signal de l'argon après greffage, ce qui élimine la première hypothèse. Pour confirmer la seconde hypothèse, si on calcule la longueur de la chaine moléculaire greffée d_{ML} en utilisant le signal de l'Ar 2p après et avant greffage (**Equation VI.1**), on obtient une valeur de 1.6 nm, identique à celle déjà trouvée pour le greffage de l'undécylénate d'éthyle sur le silicium au chapitre III

Equation VI.1:
$$\frac{I^{Ar2p}_{aprèsgreffage}}{I^{Ar2p}_{avantgreffage}} = e^{\left(-d_{ML}/\lambda^{C}_{ML}\right)}$$

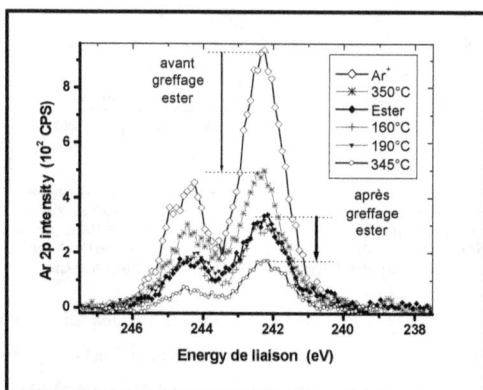

Figure VI.6: **Atténuation du Signal Ar 2p par la fonction « ester » et diminution de ce signal en fonction de différents traitements thermiques (avant et après greffage).**

Le spectre résolu du niveau de cœur C1s (**Figure VI.7**) présente 3 composantes provenant des trois environnements chimiques différents dans lesquels se trouvent les atomes de carbone. La composante principale à 285 eV est la signature des liaisons C–C et C–H présentes dans la molécule et dans la couche mince mesurée. La deuxième composante à 287 eV marque la présence de la fonction C–O de la molécule ainsi qu'une éventuelle oxydation de la surface. La troisième composante à 289.5 eV correspond manifestement à la fonction ester et peut-être également à une oxydation de la surface. Les études quantitatives en XPS permettent de lever cette ambigüité (voir partie quantitative VI.2.B.iii). De plus, une diminution de la composante principale du pic C1s apparait nettement après chaque étape de greffage ; elle résulte de l'atténuation du signal C1s de la couche mince par la molécule greffée.

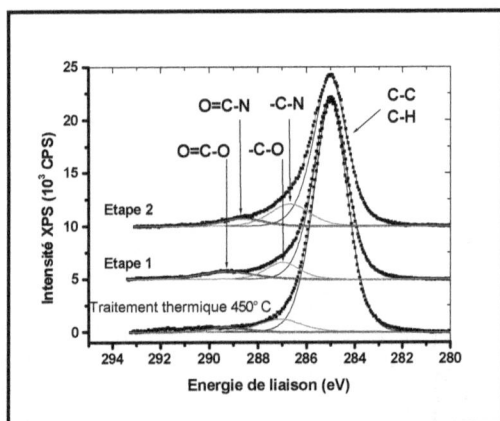

Figure VI.7: Décomposition des spectres C1s après recuit, après greffage de l'ester (Etape 1) et après greffage de la pyridine (Etape 2). Ces spectres sont décalés verticalement pour faire apparaître l'évolution du C1s après chaque étape.

Après l'activation de la fonction ester produisant une fonction acide, nous avons réalisé la deuxième étape de greffage avec des molécules possédant la fonction pyridine-amine ou la fonction ferrocène-amine. Un pic N1s apparaît (**Figure VI.4 et Figure VI.5**) pour les deux cas de greffage, tandis que les pics Fe 2p et Fe 3p apparaissent seulement après le greffage de la fonction ferrocène.

Une indication qualitative supplémentaire de l'efficacité des deux étapes de greffage sur les couches minces de carbone amorphe est obtenue en décomposant le spectre résolu du niveau de cœur C1s après la deuxième étape du procédé. En effet, la composante O=C–O à 289.5 eV et la composante –C–O à 287 eV qui augmentent après la deuxième étape de greffage, se décalent respectivement vers 289 eV et 286.5 eV, qui correspondent respectivement aux fonctions N–C–O et C–N [14].

174

Au contraire des surfaces de silicium (111), le comportement angulaire du signal correspondant à la fonction ester n'a pas pu être vérifié sur les couches minces de carbone amorphe déposées par pulvérisation. Ceci indique la présence d'un problème majeur pour le greffage des couches minces de carbone amorphe préparées par pulvérisation. Il est possible que le pic C1s que l'on identifie à 289.5 eV ne soit pas seulement caractéristique de la fonction ester mais aussi d'une oxydation significative des atomes de carbone de la surface.

En résumé, ces analyses confirment la présence d'une couche moléculaire greffée sur la surface des échantillons de carbone amorphe préparés par pulvérisation. La quantification de la densité de molécules en surface à partir du signal de la fonction O=C–O et du signal C–C apporte des informations supplémentaires, qui permettront d'établir qu'il s'agit d'une monocouche relativement compacte (voir partie VI.2.B.iii)

VI.2.B.ii   Etude qualitative XPS sur les couches minces de carbone amorphe préparées par ablation laser

Les spectres XPS obtenus sur les échantillons de carbone amorphe déposés par ablation laser présentent le même comportement que celui obtenu sur les échantillons déposés par pulvérisation, en ce qui concerne les niveaux de cœur N1s, Fe 2p, Fe 3p et C1s après les différentes phases de greffage. Ceci confirme d'une part le greffage de l'undécylénate d'éthyle sur le carbone, et d'autre part celui de la fonction pyridine-amine et de la fonction ferrocène-amine lors de la deuxième étape de greffage.

Par ailleurs, les échantillons de carbone amorphe déposés par ablation laser et modifiés par une fonction ester révèlent qualitativement le comportement angulaire attendu. Il se manifeste (**Figure VI.8**) par une augmentation des deux composantes (O=C–O et –C–O) avec l'augmentation de l'angle de mesure θ (angle entre l'analyseur et la normale à la surface de l'échantillon), et une diminution de la composante principale qui représente le volume du matériau mesuré auquel on est de moins en moins sensible avec l'augmentation de l'angle θ.

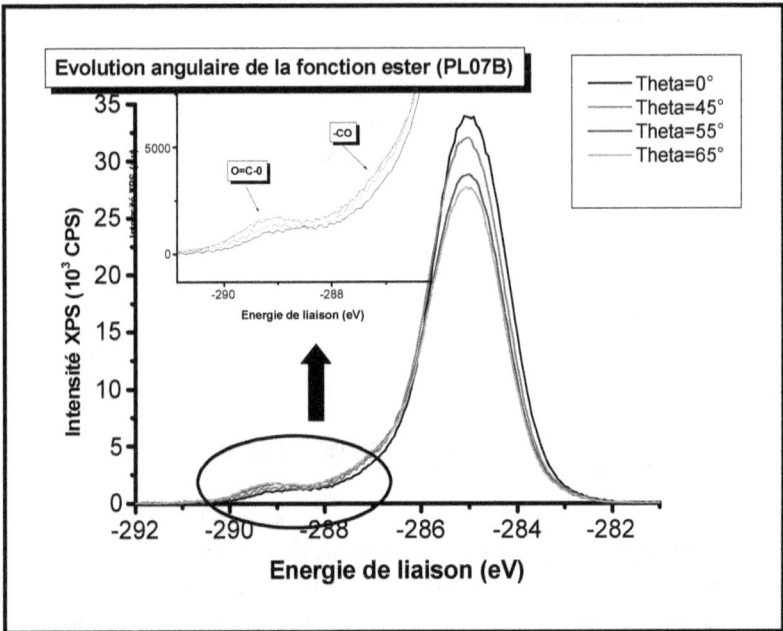

Figure VI.8: Evolution angulaire des composantes du spectre C1s d'un échantillon déposé par ablation laser et greffé par la fonction « ester ».

Pour tester cette dépendance angulaire, nous avons greffé simultanément un échantillon de carbone amorphe préparé par ablation laser et un échantillon de Si (111) passivé par l'hydrogène, en les immergeant dans le même tube rempli d'undécylénate d'éthyle. Si l'on compare les intensités des composantes O=C–O à chaque angle de mesure (**Figure VI.9**), le comportement de l'intensité du pic en fonction de 1/cosθ est très similaire. Ceci est cohérent avec la présence d'une monocouche moléculaire en surface et avec la présence de la fonction ester en extrémité de la chaîne, aussi bien sur le Si (111) que sur les échantillons de carbone amorphe déposés par ablation laser.

On remarque aussi un comportement linéaire de cette intensité vs 1/cosθ pour les angles allant de 0 à 56° pour le carbone amorphe et de 0° à 65° pour le Si (111), ce qui est en parfaite cohérence avec l'expression ($S_{COO}^{mol\acute{e}cule} = K.N_{mol\acute{e}cule}^{(a-C)} A_0 \sigma_{C1s} T(E_C; E_a) \dfrac{1}{\cos\theta}$ pour le (a-C) et

$$S_{COO}^{mol\acute{e}cule} = K.N_{mol\acute{e}cule}^{Si(111)} A_0 \sigma_{C1s} T(E_C;E_a) \frac{1}{\cos\theta}$$ pour le Si(111)) de l'intensité du pic O=C-O

qui est proportionnelle au facteur $1/\cos\theta$. La différence de pente entre les deux droites est due à la différence de taux de couverture entre les deux surfaces.

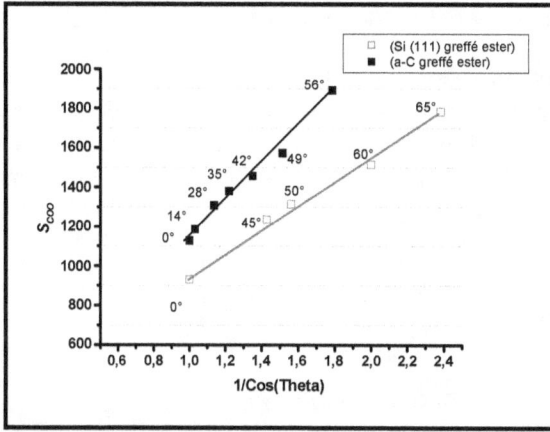

Figure VI.9: Augmentation linéaire de l'intensité de la fonction « ester » avec l'augmentation de $1/\cos\theta$.

En effet, la pente concernant le Si (111) est $KN_{mol\acute{e}cule}^{Si(111)} A_0 \sigma_{C1s} T(E_C;E_a)$ et celle du carbone amorphe est $K.N_{mol\acute{e}cule}^{(a-C)} A_0 \sigma_{C1s} T(E_C;E_a)$. Le rapport de ces deux pentes doit être égal au rapport des densités de molécules greffées sur les surfaces.

Les pentes de ces deux droites sont calculées d'après le graphe ci-dessus ; on obtient $\dfrac{Pente(a-C)}{Pente(Si)} = 1.31$, ce qui est quasiment égal au rapport des densités de molécules trouvées

sur ces deux échantillons $\dfrac{N_{mol\acute{e}cule}^{(a-C)}}{N_{mol\acute{e}cule}^{Si}} = \dfrac{3.5 \times 10^{14}}{2.9 \times 10^{14}} = 1.20$ (voir partie VI.2.B.iii- Tableau VI.1).

VI.2.B.iii Calcul du taux de couverture des molécules organiques sur le carbone amorphe

a) Méthodes de calcul

On a déjà démontré (chapitre IV) la capacité de calculer la densité de molécules d'undécylénate d'éthyle greffées en surface en se basant sur deux signaux différents. Ceci reste toujours valable pour les échantillons de carbone amorphe.

Un premier calcul (méthode A) de la densité de molécules d'undécylénate d'éthyle greffées en surface du carbone amorphe est complètement identique à celui déjà appliqué dans le cas du Si (111). Il se base sur le signal O=C–O de la fonction ester (non atténué si on suppose que cette fonction chimique se trouve à l'extrémité de la chaîne greffée sur la surface) et s'écrit comme suit :

$$\text{Equation VI.2 : } N_{molécule} = N_{HOPG} \times \frac{S_{COO}^{molécule}}{S_{C1s}^{HOPG}} \times \frac{\lambda_{C1s}^{HOPG}}{a}.$$

De même pour le taux de couverture (molécules.cm^{-2}) après la fonctionnalisation avec la pyridine-amine et le ferrocène-amine.

- **Greffage pyridine-amine :**

$$\text{Equation VI.3 : } N_{molécule} = \frac{1}{2} N_{HOPG} \times \frac{S_{N1s}^{molécule}}{S_{C1s}^{HOPG}} \times \frac{\lambda_{C1s}^{HOPG}}{a} \times \frac{\sigma_{C1s}}{\sigma_{N1s}}.$$

- **Greffage ferrocène-amine :**

$$\text{Equation VI.4 : } N_{molécule} = N_{HOPG} \times \frac{S_{Fe3p}^{molécule}}{S_{C1s}^{HOPG}} \times \frac{\lambda_{C1s}^{HOPG}}{a} \times \frac{\sigma_{C1s}}{\sigma_{Fe3p}}.$$

Un second calcul (méthode B) de la densité de molécules d'undécylénate d'éthyle (atomes.cm^{-2}) greffées en surface du carbone amorphe qui se base sur le signal de la composante principale du C1s est un peu plus complexe à réaliser car cette composante représente à la fois les atomes de carbone du matériau et de la molécule au sein de liaisons C–C et C–H.

178

En effet, l'expression de la densité de molécules (**Equation VI.5**) qui se base sur le signal de la composante principale provenant des molécules ne change pas, elle est identique à l' (**Equation IV.11**).

$$\textbf{Equation VI.5: } N_{molécule} = N_{HOPG} \times \frac{S_{C-C;C-H}^{molécule}}{S_{C1s}^{HOPG}} \times \frac{\lambda_{C1s}^{HOPG}}{a} \times \left(\frac{1 - \exp(\dfrac{-a}{\lambda_{C1s}^{molécule} \cos\theta})}{1 - \exp(\dfrac{-d_{molécule}}{\lambda_{C1s}^{molécule} \cos\theta})} \right)$$

Mais comme $S_{C-C;C-H}^{molécule}$ n'est pas mesurable directement comme dans le cas du Si, il faut calculer ce paramètre. Le signal total mesuré représente la molécule greffée et la surface de carbone amorphe atténuée par la molécule, d'où l'expression suivante :

$$\textbf{Equation VI.6 : } S_{C-C;C-H}^{Totale} = S_{C-C;C-H}^{molécule} + S_{C-C;C-H}^{(a-C)} e^{\left(-d_{Mol.} / \lambda_{Mol.}^C\right)}$$

Comme on connaît l'intensité de la couche de carbone amorphe avant greffage et que l'on a déjà établi la valeur du paramètre $e^{\left(-d_{Mol.} / \lambda_{Mol.}^C\right)}$ dans le chapitre III, le signal du carbone provenant de la molécule s'écrit comme suit :

$$\textbf{Equation VI.7 : } S_{C-C;C-H}^{molécule} = S_{C-C;C-H}^{Totale} - S_{C-C;C-H}^{(a-C)} e^{\left(-d_{Mol.} / \lambda_{Mol.}^C\right)}$$

En comparant la densité des molécules en surface obtenue par deux méthodes (signaux) différentes, on peut tirer des informations complémentaires sur l'état de la surface. La méthode A se base sur le signal O=C–O qui peut représenter la fonction ester et éventuellement une oxydation de la surface du carbone amorphe. Donc, si la méthode A (N1) donne un résultat supérieur à la méthode B (N2), on peut dire que l'échantillon s'est oxydé durant le processus du greffage.

b) Résultats et discussion :

Les taux de couverture (N1 et N2 définis ci-dessus) obtenus pour des couches moléculaires greffées en phase liquide sur différents échantillons de carbone amorphe sont résumés dans le tableau de résultats (**Tableau VI.1**)

Tous les échantillons de carbone amorphe préparés par pulvérisation sont nommés KZ, et les conditions de dépôt correspondent au Tableau III.3. Ils comportent différentes valeurs du pourcentage d'oxygène résiduel, obtenu après traitement et immédiatement avant la première étape de greffage. Les échantillons préparés par ablation laser sont représentés par un seul échantillon (nommé PL11) en raison de la reproductibilité du taux de couverture sur les différents essais, de même que pour le silicium hydrogéné Si (111):H.

Référence	Pourcentage en oxygène avant le greffage « ester »	Greffage undécylénate d'éthyle		Greffage ferrocène-amine
		Taux de couverture N1 (10^{14} cm^{-2})	Taux de couverture N2 (10^{14} cm^{-2})	Taux de couverture N3 (10^{14} cm^{-2})
KZ7 (a-C)	5.2		< 0.2	
KZ8 (a-C :H)	5.8		< 0.2	
KZ9 (a-C :H)	1.4	11	1.48	
KZA9 (a-C :H)	3.0	5	1.72	0.66
KZ11 (a-C)	2.0		2.97	1.69
KZ12 (a-C :H)	0.8		4.27	1.65
KZ14 (a-C)	3.1	11	2.43	1.48
PLD	4	3.92	3.52	
Si (111) :H	0	2.89	2.91	

Tableau VI.1: Taux de couverture obtenus sur les différents échantillons de carbone amorphe (PLD et KZ) ainsi que sur le Si(111) :H d'après les mesures XPS à la normale ; N1 tiré du signal O=C-O, N2 tiré du signal principal du C 1s et N3 tiré du signal Fe 3p.

Sachant que la température et la durée du greffage sont identiques pour tous les échantillons, on peut en tirer les conclusions suivantes :

1) Une forte décroissance de l'efficacité du greffage est observée en fonction du pourcentage d'oxygène présent en surface pour les échantillons préparés par pulvérisation. Cette dépendance apparait clairement dans la (**Figure VI.10**) qui représente la grandeur **N2**.

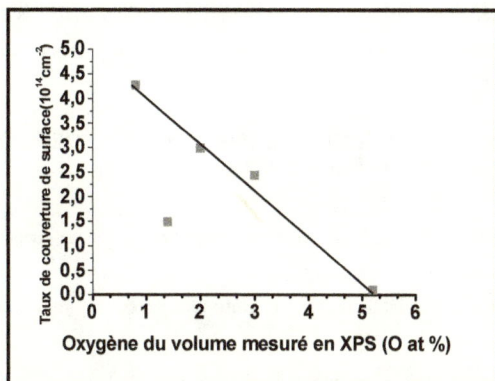

Figure VI.10: Effet de l'oxydation de la surface sur son taux de couverture N2 par les molécules d'undécylénate d'éthyle.

2) La densité des molécules en surface est quasiment nulle (non mesurable par XPS) pour les échantillons qui ont un pourcentage d'oxygène qui dépasse 5 %, d'où la nécessité d'un traitement de désoxydation préalable pour les échantillons préparés par pulvérisation.

3) Le greffage est efficace sur le carbone amorphe **a-C (PL)** (non traité) ainsi que sur le carbone amorphe déposé par pulvérisation et préparé avant greffage. Les taux de couverture sont comparables au maximum obtenu sur Si (111) hydrogéné. Ils s'approchent de la compacité maximale autorisée par l'encombrement stérique de la molécule.

4) Le greffage thermique sur le carbone amorphe est ainsi obtenu sans avoir recours à un procédé d'hydrogénation préalable.

5) La compatibilité des taux de couverture N1 et N2 (calculés à l'aide de deux signaux XPS différents) sur les échantillons **a-C (PL)** et Si (111):H, confirme la fiabilité de cette méthode de calcul. Elle indique une faible oxydation des atomes de carbone de surface pour le carbone déposé par PLD, contrairement au carbone déposé par pulvérisation.

6) La différence flagrante obtenue entre les taux de couverture calculés par les deux signaux XPS sur les échantillons **a-C (SP)**, ainsi que les valeurs très élevées (résultats physiquement inacceptables pour une monocouche) obtenues à l'aide de l'intensité XPS de la fonction O=C–O, montrent un problème important d'oxydation de la surface qui semble être en compétition avec le greffage de l'undécylénate d'éthyle en phase liquide.

7) Sur le carbone déposé par pulvérisation (**Figure VI.4**), après la deuxième étape de greffage, on observe que 50% environ des fonctions ester de la première étape ont réagi avec une fonction amine pour former une liaison covalente amide (O=C-N). Cette

181

efficacité du greffage de la deuxième étape est en bon accord qualitatif avec les résultats obtenus en voltampérométrie cyclique (réponse de la fonction redox ferrocène) sur ces échantillons **[14]**.

VI.2.B.iv Stabilité à l'air ambiant de l'échantillon a-C (PL) modifié par la molécule d'undécylénate d'éthyle

Un échantillon a-C (PL) a subi un greffage d'undécylénate d'éthyle conduisant à une densité de molécules de 3.5×10^{14} cm^{-3}. La **Figure VI.11** montre les mesures des niveaux de cœur C1s réalisées sur cet échantillon après son greffage et après cinq mois d'exposition à l'atmosphère ambiant.

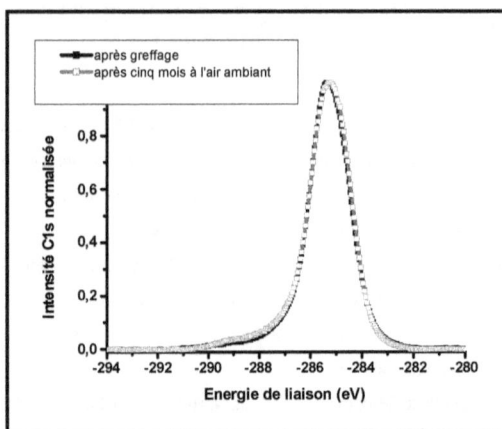

Figure VI.11: Superposition des spectres C1s d'un échantillon a-C (PL) après son greffage et après cinq mois de séjour à l'air ambiant

On voit que le spectre C1s ne change quasiment pas, même après ce long séjour de l'échantillon à l'air ambiant. Ceci permet donc d'envisager l'utilisation du carbone amorphe **a-C (PL)** pour des applications de capteurs qui travaillent à l'air ambiant, contrairement au Si (111) qui s'oxyde facilement à l'air après quelques heures.

VI.2.C <u>Estimation de l'épaisseur de la couche moléculaire greffée sur le carbone amorphe par la technique XRR</u>

On a remarqué que la technique XRR est un excellent moyen pour déterminer l'épaisseur d'une couche mince (voir II.2 et III.6). Même si on n'arrive pas à déterminer l'épaisseur de la couche moléculaire greffée sur le carbone amorphe avec une grande précision, à cause de sa taille qui ne dépasse pas 2 nm, on obtient un ordre de grandeur qui peut permettre de juger s'il s'agit d'une monocouche ou plus.

Pour ceci, on a greffé la molécule d'undécylénate d'éthyle sur un échantillon **a-C (PL)** qui a été déposé par ablation laser en même temps que l'échantillon caractérisé en l'absence de greffage. Ce choix nous permet de fixer les paramètres déjà obtenus sur l'échantillon a-C (PL) et de ne faire varier que les paramètres concernant la molécule greffée. On obtient ainsi la (**Figure VI.12**).

La courbe de réflectivité spéculaire est mesurée en fonction de l'angle 2θ, variant entre 0 et 5° avec un pas de 0.005°. Une correction est appliquée aux faibles angles lorsque la taille du faisceau dépasse par sa largeur les dimensions de l'échantillon qui a une largeur de 12 mm. Ce choix d'une largeur limitée est nécessaire pour obtenir des échantillons homogènes lors du dépôt par ablation laser.

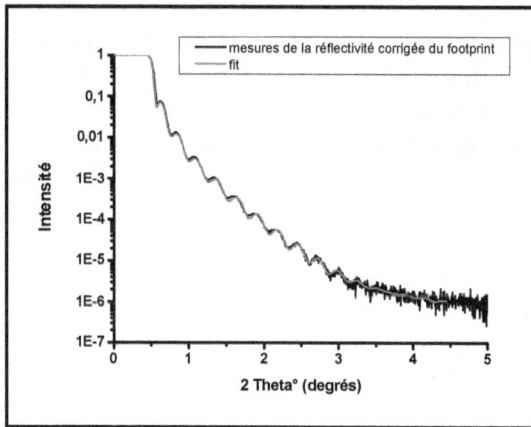

Figure VI.12: Mesure et fit de la courbe de réflectivité de rayons X d'un échantillon a-C (PLD) modifié par la molécule undécylénate d'éthyle avec une densité de 3.5×10^{14} cm^{-3}.

183

L'ajustement réalisé par le logiciel LEPTOS est en très bon accord avec la courbe expérimentale. Un modèle à 4 couches a été utilisé, les trois premières sont identiques à celles obtenues dans le tableau III.7. La quatrième couche représentant la molécule a une épaisseur de 1.2 nm ± 0.2 nm, une rugosité de 0.08 nm et une densité de 1.1 g.cm^{-3} ± 0.1 g.cm^{-3}.

Cette épaisseur est plus petite que celle trouvée en XPS et en ellipsométrie (1.6-1.8 nm), et que la longueur géométrique de la molécule, cela confirme le greffage d'une monocouche organique sur la surface du carbone amorphe.

La densité en g.cm^{-3} peut être convertie en densité de molécules grâce à l'expression suivante :

$$N_{molécule} = \frac{\rho \times N_a \times d_{molécule}}{M_{molécule}} \; ; \; N_a \text{ avec nombre d'Avogadro, } \rho \text{ densité en g.cm}^{-3}, \, d_{molécule}$$

longueur de la chaîne (ou épaisseur de la couche) et $M_{molécule}$ masse molaire de la molécule.

On obtient ainsi une densité de molécules de l'ordre de 3.7×10^{14} cm^{-3} ; le résultat obtenu par XPS est de l'ordre de 3.5×10^{14} cm^{-3}.

VI.3 Greffage covalent de perfluoro-1-décène sur les couches minces (a-C) en phase vapeur

Le greffage moléculaire en phase vapeur sur des couches de carbone amorphe est une première dans le domaine de la fonctionnalisation des couches minces. En raison des problèmes d'oxydation rencontrés lors du greffage en phase liquide de la surface des couches minces de carbone amorphe préparées par pulvérisation, cette méthode sous vide constitue un excellent moyen pour étudier la réactivité des surfaces (a-C) vis-à-vis des molécules organiques. De plus, le perfluoro-1-décène CH$_2$=CH-(CF$_2$)$_7$-CF$_3$ présente pour l'XPS l'avantage de sa signature fluor pour identifier et quantifier le greffage de molécules organiques sur le carbone amorphe.

Le procédé de greffage adopté pour ces couches est similaire à celui appliqué au Si (111), mais en utilisant 3 températures de greffage 230°C, 300°C et 430°C, dans le but d'obtenir un maximum de molécules en surface.

En phase liquide, le greffage à des températures élevées n'est pas simple à mettre en oeuvre avec des molécules volatiles. En phase vapeur, il est intéressant de le réaliser sur des surfaces stables thermiquement comme celle du carbone amorphe déposé par ablation laser. En effet, nos tests de recuit de ces surfaces sous ultravide dans cette gamme de température n'ont montré aucun changement en termes de densité du matériau (d'après le signal du plasmon correspondant au pic C1s) et seulement une faible augmentation de l'hybridation sp^2 des atomes de carbone (d'après les analyses XPS avec la source RX monochromatisée présentées dans la partie III.4.D).

Des études XPS qualitatives et quantitatives sur ces couches minces (a-C) ont été réalisées pour démontrer la présence en surface de la molécule greffée, déterminer la densité de molécules et étudier sa variation en fonction de la température de greffage utilisée.

En XPS, pour le greffage d'alcènes sur carbone amorphe, on ne peut pas juger d'une façon directe du caractère covalent d'un greffage car le signal des liaisons C–C à l'interface entre la couche et la molécule est noyée dans le signal des liaisons C–C qui se trouvent au sein de la couche et dans la molécule. Nous avons alors étudié la stabilité thermique de ce greffage et sa persistance dans un bain chimique sous ultra-sons, ce qui peut donner une indication sur la robustesse de la liaison entre la molécule et la surface, et distinguer une physisorption d'une liaison covalente C–C d'interface.

VI.3.A Analyse en photoémission XPS des couches de carbone amorphe fonctionnalisées par le perfluoro-1-décène

Les premiers tests du greffage du perfluoro-1-décène sur les échantillons de carbone amorphe ont été faits à 230°C pendant une heure et avec un recuit sous vide à la même température après la fin de l'exposition de la surface aux molécules.

VI.3.A.i Efficacité du greffage sans traitement préalable

Le premier résultat remarquable est la réussite d'un greffage de perfloro-1-décène à la surface d'un échantillon de carbone amorphe préparé par pulvérisation, sans avoir recours à un traitement de désoxydation de la surface. En effet, la (**Figure VI.13**) montre clairement un pic F1s qui apparaît après le greffage en phase vapeur, malgré le pourcentage élevé en oxygène (9 %) sur la surface avant greffage. En plus, on remarque une baisse du pic C1s principal après le greffage. Ceci est essentiellement dû à l'atténuation par les molécules du signal des photoélectrons produits par le substrat de carbone amorphe. La contribution au niveau de cœur C1s des atomes de carbone des molécules est séparée en énergie de la composante du substrat car dans la molécule, les atomes de carbone sont presque tous liés à

185

des atomes de fluor. On trouve les mêmes résultats sur les deux types de surface : dépôt par pulvérisation ou par ablation laser (**Figure VI.14**).

Une désoxydation de la surface avant le début du greffage de molécules en phase vapeur ne peut pas avoir lieu car, dans notre procédé expérimental, les échantillons sont portés à une température de greffage de 230°C (stabilisée au bout de 30 minutes), alors que nos études sur la préparation des surfaces de carbone amorphe (Paragraphe III.4.D) ont montré la nécessité d'atteindre 450°C environ pour observer par XPS une décroissance de la quantité d'oxygène.

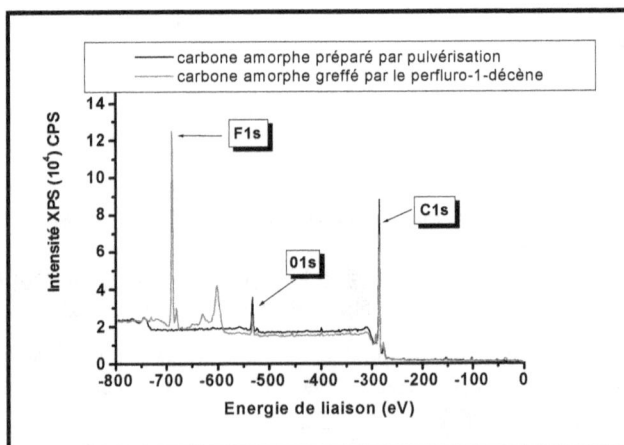

Figure VI.13: Spectres larges pour un échantillon a-C (SP) déposé par pulvérisation et sans traitement préalable au greffage (230°C, 1h, perfluoro-1-décène).

Le spectre du niveau de cœur F1s qu'on retrouve sur les différentes surfaces de carbone amorphe, modifiées en phase vapeur, est parfaitement identique à celui trouvé sur Si (111) comme le montre la (**Figure VI.15**). Le pic situé à 689.4 eV présente une seule composante (voir V.3.A). La molécule de perfluoro-1-décène présente donc le même comportement sur les couches de carbone amorphe et sur les surfaces de Si (111).

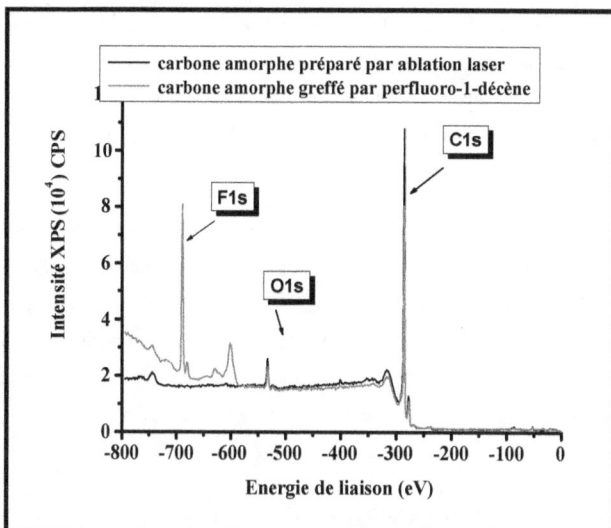

Figure VI.14 : Spectres larges pour un échantillon a-C (PL) déposé par ablation laser et sans traitement préalable au greffage (230°C, 1h, perfluoro-1-décène).

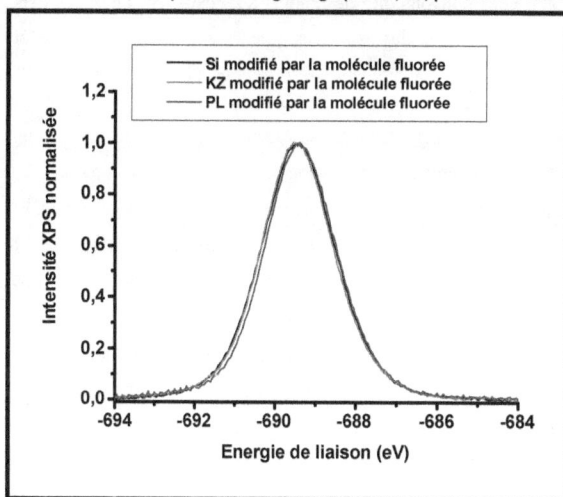

Figure VI.15 : Spectres F1s sur les différents échantillons normalisés par rapport à leur maximum.

Le spectre du niveau de cœur C1s mesuré (**Figure VI.16**) sur les échantillons déposés par pulvérisation montre deux composantes, la principale à 285 eV, la deuxième à 2 eV de la principale qui est caractéristique de la fonction C=O. On note que la composante principale regroupe les deux composantes attribuées aux deux hybridations sp^3 et sp^2 des atomes de carbone.

Après greffage, ces deux composantes diminuent en raison de l'atténuation du signal C1s par la molécule greffée, et on observe l'apparition des deux composantes CF$_3$ et –(CF$_2$–CF$_2$)– qui se situent respectivement à 9.3 eV et à 7 eV de la composante principale, ce qui est en parfait accord avec ce qui est trouvé sur Si (111) et dans la littérature. De même, cette décomposition révèle la présence des satellites (dus à la source de rayons X utilisée) des composantes – (CF$_2$–CF$_2$) – et CF$_3$ situés à 8 eV (vers les énergies moins liantes) de leurs composantes.

Une pollution de carbone est quasi-impossible à repérer sur ce matériau à cause du signal intense de la composante principale qui provient du carbone amorphe. A partir de l'étude sur Si (111), nous pouvons dire néanmoins que, dans les conditions expérimentales utilisées (transfert d'échantillons sous azote sec, durée d'exposition à l'atmosphère, pression résiduelle dans le sas …), cette contamination reste négligeable.

Par ailleurs, après le greffage de molécules de perfluro-1-décène, les spectres du niveau de cœur C1s pour la couche obtenue par ablation laser et celle obtenue par pulvérisation sont différents. La distance entre la composante principale et la composante – (CF$_2$–CF$_2$) – est de 6 eV (**Figure VI.17**) dans le cas de l'ablation laser, soit 1 eV de moins que dans le cas de la pulvérisation. Ceci s'explique par la forte contribution de la composante sp^3 (60%) présente sur les échantillons de carbone amorphe déposés par ablation laser, alors que cette composante ne dépasse pas 18% sur les échantillons déposés par pulvérisation conduisant à une différence de position de la composante principale C-C de 0.8 eV (décalage vers les plus grandes énergies de liaison pour le dépôt par ablation laser)

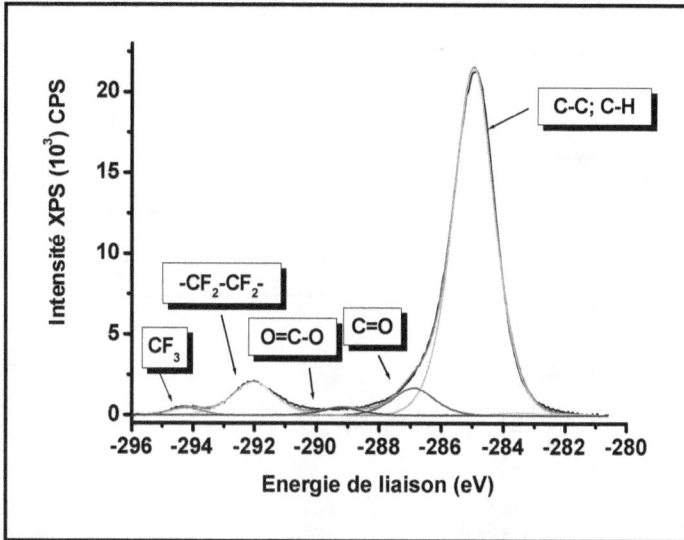

Figure VI.16 : Décomposition du spectre résolu C1s d'une couche a-C (SP) greffée par la molécule perfluoro-1-décène à 230°C pendant une heure.

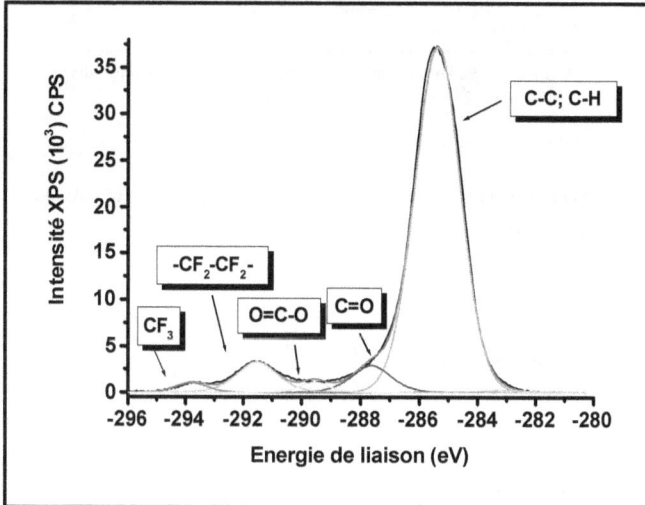

Figure VI.17 : Décomposition du spectre résolu C1s d'une couche a-C (PL) greffée par la molécule perfluoro-1-décène à 430°C pendant une heure.

La (**Figure VI.18**) représente les spectres des niveaux de cœur O1s avant et après greffage. Ils montrent une forte décroissance du signal (4000 coups par seconde) après le greffage de la molécule en surface. L'atténuation par la molécule de composantes C-O présentes initialement (avant greffage) à la surface de la couche de carbone n'explique pas la totalité de cette décroissance.

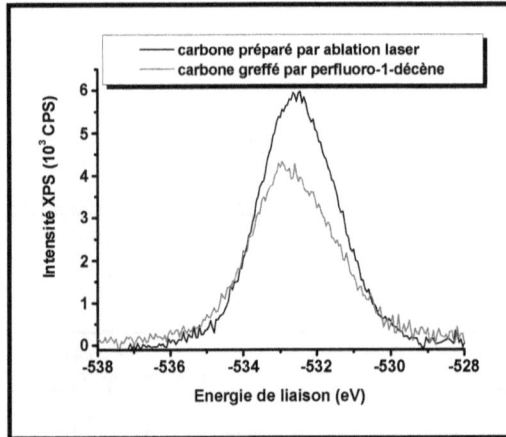

Figure VI.18 : Diminution de l'oxygène après le greffage du perfluoro-1-décène sur le carbone amorphe.

On peut en effet estimer la valeur attendue pour la composante O1s atténuée par la molécule, elle s'écrit comme suit :

Equation VI.8 : $S_{O1s}^{(a-C)greffé} = S_{O1s}^{(a-C)} e^{\left(-\dfrac{d_{ML}}{\lambda}\right)}$

où $I_{(a-C)}^{O1s}$ est la surface sous le pic O1s avant greffage. Par ailleurs, le paramètre $e^{\left(-\dfrac{d_{ML}}{\lambda}\right)}$ est déjà déterminé d'après l'atténuation du signal Si 2p sur les échantillons de Si (111) greffés par le perfluro-1-décène. On trouve ainsi que la valeur de $S_{O1s}^{(a-C)greffé}$ calculée (13900 CPS) par l'**Equation VI.8**, est supérieure à la valeur trouvée expérimentalement (12500 CPS) (surface en dessous du pic O1s après le greffage). Ceci indique qu'une partie des atomes d'oxygène initialement présents (liaisons C-O) à la surface de la couche de carbone cèdent leur place aux molécules organiques pendant le processus de greffage, car la température de 230°C à laquelle on a travaillé est insuffisante pour la désoxydation spontanée de la surface du carbone amorphe.

VI.3.A.ii   Etude angulaire par photoémission XPS du greffage perfluoro-1-décène

La superposition (**Figure VI.19**) des pics C1s mesurés à différents angles, allant de 0° à 49°, sur un échantillon de carbone amorphe greffé par la molécule de perfluro-1-décène, montre une diminution considérable de la composante principale du spectre correspondant à la couche a-C, à laquelle on est de moins en moins sensible en augmentant l'angle d'émission. Simultanément, les deux composantes représentant la molécule augmentent avec l'angle θ ce qui indique la présence de cette dernière en surface.

En supposant que la fonction CF$_3$ se trouve à l'extrémité de la chaine greffée sur la surface, et en négligeant l'atténuation par le Fluor, on obtient l'expression :

Equation VI.9 : $S_{CF_3}^{molécule} = K.N_{molécule} \dfrac{A_0}{\cos\theta} \sigma_{C1s} T(E_C ; E_a)$

D'après cette expression, si on varie θ de 0° à 42°, l'intensité de la composante CF$_3$ doit augmenter d'une façon linéaire en fonction $\dfrac{1}{\cos\theta}$ car tous les autres paramètres de l'**Equation VI.9** sont indépendants de θ. Ceci est confirmé par les valeurs expérimentales déduites des mesures XPS du $S_{CF_3}^{molécule}$ qui sont présentées dans la (**Figure VI.20**).

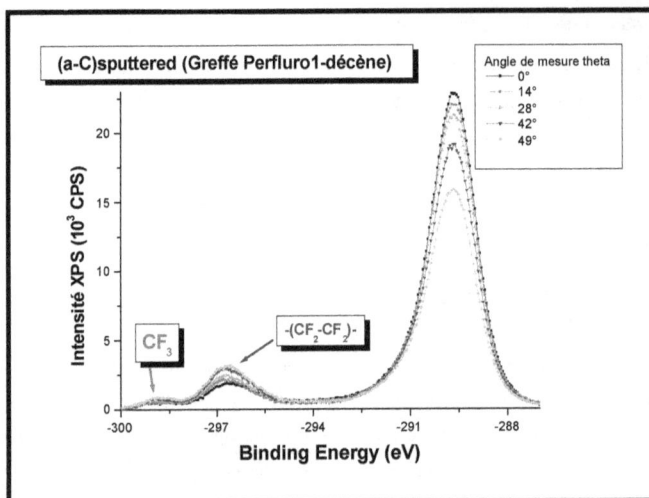

Figure VI.19 : Evolution angulaire du spectre C1s du carbone amorphe modifié par le perfluoro-1-décène.

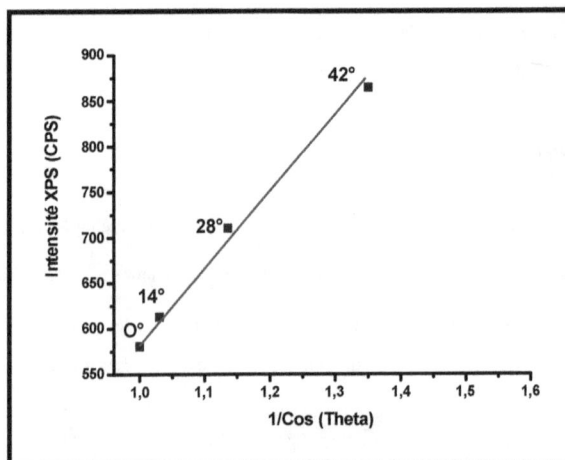

Figure VI.20 : Augmentation linéaire de l'intensité C1s de la fonction CF_3 en fonction de $1/\cos\theta$.

VI.3.A.iii Etude de l'effet du greffage moléculaire sur l'hybridation des atomes de carbone en surface des couches minces a-C

Le but de cette expérience est de regarder le comportement des hybridations des atomes de carbone avant et après le greffage d'une monocouche de perfluoro-1-dècène sur la surface d'un échantillon a-C (PL), en utilisant les spectres à haute résolution (0.6 eV) mesurés à l'aide de la source monochromatisée.

La pertinence du perfluoro-1-décène choix dans cette étude dans du greffage, réside dans le fait que la molécule ne contribue quasiment pas à l'intensité XPS de la composante principale à 285 eV du spectre C1s, et la totalité de son intensité provient uniquement de la couche mince de carbone amorphe.

En effet, l'intensité XPS de la composante principale du spectre C1s mesurée à l'aide de la source X non-monochromatisée avec une énergie de passage de 22 eV est de l'ordre de 40000 coups×eV×s^{-1}. Seuls deux atomes (non liés au fluor) de la molécule perfluoro-1-décène **CF$_3$ - (CF$_2$)$_7$ - CH = CH$_2$** contribuent à l'intensité de la composante principale qui représente les atomes de carbone ayant des liaisons C-C ou C-H. L'intensité XPS du signal C1s provenant de ces deux atomes ne dépassant 1500 coups×eV×s^{-1}. 97 % de l'intensité du signal provient de la couche et 3 % provient de la molécule, ainsi on peut ainsi négliger l'effet de la molécule sur le pourcentage des atomes de carbone hybridés sp^3.

Dans la **Figure VI.21**, on remarque que la largeur à mi-hauteur du pic C1s après le greffage moléculaire est plus faible que celle du pic avant le greffage. Cet affinement est du à une diminution de l'intensité de la composante attribuée aux atomes de carbone hybridés sp^2.

Pour mieux comprendre le comportement des hybridations, la détermination des intensités des composantes apporte plus d'informations. En observant la **Figure VI.22**, on voit que l'intensité de la composante des atomes de carbone hybridés sp^3 reste quasiment constante, tandis que celle des atomes de carbone hybridés sp^2 passe de 350 avant le greffage moléculaire à 283 après le greffage moléculaire. Le rapport de ces deux intensités est de l'ordre de l'atténuation du signal par la molécule ($\frac{283}{350} \approx 0.8 \approx e^{\frac{-d_{molécule}}{\lambda_{molécule}}}$).

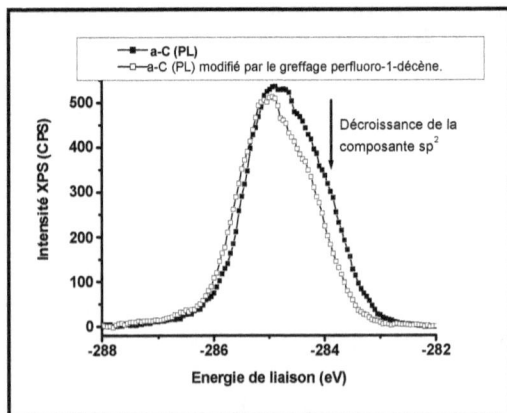

Figure VI.21: Superposition des spectres C1s de haute résolution (0.6 eV) mesurés avec la source X monochromatisée d'un échantillon a-C (PL) avant et après le greffage moléculaire.

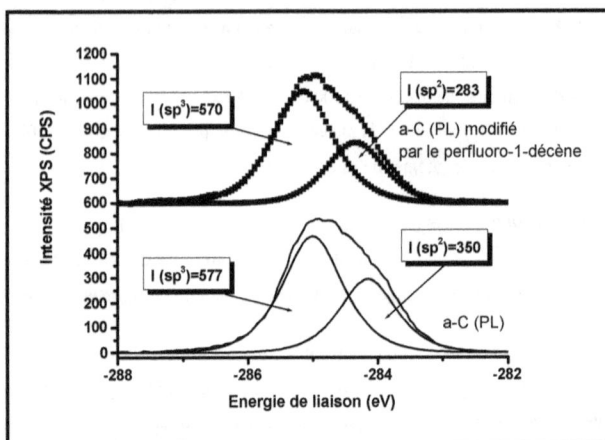

Figure VI.22: Décomposition des spectres C1s de haute résolution (0.6 eV) mesurés avec la source X monochromatisée d'un échantillon a-C (PL) avant et après le greffage moléculaire.

La seule conclusion qu'on peut tirer de cette étude, est qu'il n'y as pas un effet du greffage sur les hybridations des atomes de carbone de la couche **a-C (PL)** et que le signal provenant des atomes de carbone hybridés sp^2 semble subir l'atténuation causée par la molécule, contrairement au signal provenant des atomes de carbone hybridé sp^3.

VI.3.A.iv Test aux ultrasons

Après cette étude XPS qualitative qui indique, sans aucun doute, la présence de la molécule perfluoro-1-décène sur la surface des couches minces de carbone amorphe, un échantillon greffé a été passé aux ultrasons dans un bain d'acétone ultra-pur (HPLC Grade) pendant cinq minutes. Ce test, appelé sonication, vise à éliminer les molécules physisorbées sur la surface.

La (**Figure VI.23**) montre la comparaison, avant et après sonication, des spectres C1s d'un échantillon de carbone amorphe greffé avec la molécule de perfluoro-1-décène. Ces deux spectres se superposent parfaitement, et aucun changement n'apparaît sur le spectre du niveau de cœur C1s, tandis que l'oxygène a augmenté (**Figure VI.24**); en particulier les composantes attribuées à la molécule (CF_3 et CF_2) ne diminuent pas. Ceci démontre la robustesse de la liaison entre la molécule et la surface.

Le chauffage à 230°C sous vide appliqué à l'échantillon après le greffage est donc suffisant pour éliminer efficacement les molécules de perfluoro-1-décène qui resteraient physisorbées. Par rapport aux rinçages chimiques et aux traitements aux ultrasons habituellement appliqués dans les procédés en phase liquide, et qui peuvent nuire à la qualité de la surface greffée, cette étude montre un avantage supplémentaire du procédé de greffage thermique en phase gazeuse.

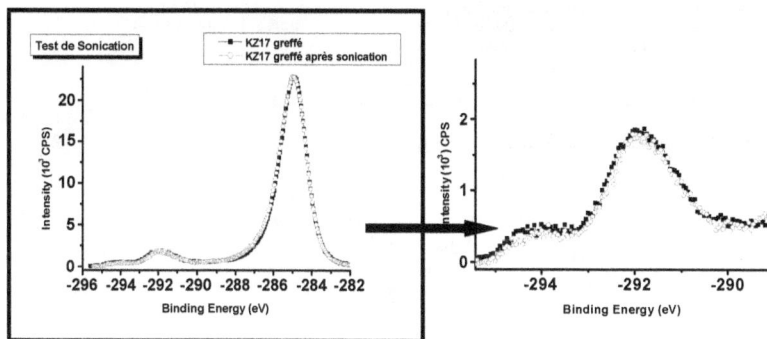

Figure VI.23 : Superposition des spectres C1s de l'échantillon a-C (SP) greffé perfluoro-1-décène avant et après sonication.

Ceci est évident si on regarde l'augmentation du pic O1s (**Figure VI.24**) après les séjours de l'échantillon dans un bain d'ultrasons contenant de l'acétone pur. Cette augmentation est probablement due à l'exposition de l'échantillon aux impuretés d'oxygène présentes dans l'air ambiant et le bain d'acétone. D'où l'intérêt du procédé de greffage sous vide pour éviter ces problèmes qui sont très nuisibles dans les applications microélectroniques.

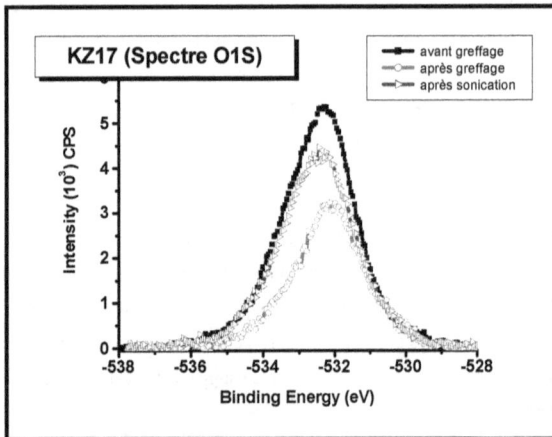

Figure VI.24 : Evolution de l'oxygène sur la surface du carbone amorphe a-C (SP) en fonction du traitement, il diminue après le greffage et augmente après la sonication.

VI.3.A.v Stabilité thermique du greffage

La surface est analysée sous des angles d'émission de 0° et 45°, avant recuit puis après des recuits à des températures de 230°C (qui est la température à laquelle les molécules de perfluoro-1-décène ont été greffées), 350°C, 407°C, 538°C. Durant chaque recuit, la température de l'échantillon est amenée à la valeur souhaitée et stabilisée ; le recuit dure 30 minutes.

L'évolution des quantités d'atomes de fluor, d'oxygène et de carbone est étudiée en fonction des différents recuits. Dans ce type d'étude, il faut être très vigilant dans la comparaison des données entre elles dans la mesure où la réponse de l'analyseur présente une dépendance en fonction de l'énergie cinétique des photoélectrons analysés. Ainsi par exemple pour le pic F1s qui correspond à des photoélectrons de faible énergie cinétique, l'intensité du signal ne peut être comparée directement à celle du C1s dont l'énergie cinétique est beaucoup plus élevée. Ainsi on ne peut comparer quantitativement des données issues des niveaux de cœur F1s avec celles issues des diverses composantes du niveau de cœur C1s (CF_2 et CF_3).

On commence l'étude par le signal du fluor, qui présente plus de fiabilité au niveau quantitatif en raison de son intensité importante. En effet, les signaux des composantes CF_2 et surtout CF_3 étant faibles dans le spectre du niveau de cœur C1s, une petite erreur de soustraction de la ligne de base peut induire des incertitudes très grandes.

T (° C)	F1s à 0°	F1s à 45°
Après greffage	1	1
230	0.85	0.85
350	0.65	0.64
407	0.4	0.41
538	0.06	0.13

Tableau VI.2 : Evolution de la quantité de fluor aux angles 0° et 45° en fonction de la température de recuit. *(Les intensités dans ce tableau sont normalisées par rapport au maximum obtenu après greffage en raison de la variation de réponse de l'analyseur d'un domaine à l'autre du spectre de photoémission).*

Le (**Tableau VI.2**) montre qu'après un recuit à 230°C (température de greffage) le pourcentage du fluor F1s baisse très légèrement. Les valeurs obtenues à 45°C sont utilisées et indiquent que successivement 85%, 64%, 41% et finalement 13% des molécules greffées restent attachées après chaque étape de recuit. Ces résultats indiquent la robustesse de la liaison entre la molécule et la surface qui peut être considérée comme covalente. Pour préciser ce résultat, on a étudié l'énergie de désorption de la molécule et on a pu la comparer avec d'autres résultats obtenus dans la littérature.

Lors du chauffage de l'échantillon, la tension aux bornes du thermocouple a été régulièrement relevée. Il est possible à partir de la connaissance du temps Δt durant lequel la température est stable, ainsi que de celle des taux de couverture Σ_1 initial et Σ_2 final de remonter à l'énergie de désorption de la molécule.

Si la réaction qui se produit est d'ordre un, on peut écrire que :

Equation VI.10 : $d\Sigma = -k\Sigma dt$

où k est la constante de réaction qui suit une loi de type Arrhenius : $k = ve^{\frac{-E_d}{k_B T}}$

Equation VI.11 : $\dfrac{d\Sigma}{\Sigma} = d(Ln\Sigma) = -dt\,ve^{\frac{-E_d}{K_B T}}$

On peut intégrer cette expression entre t_1 et t_2 correspondant respectivement à des taux de couverture Σ_1 et Σ_2.

Equation VI.12 : $Y = \dfrac{Ln\left(\dfrac{\Sigma_1}{\Sigma_2}\right)}{t_2 - t_1} = ve^{\frac{-E_d}{K_B T}}$

Avec plusieurs points Y(T), il est possible de tracer Ln(Y) en fonction de 1/T et d'effectuer une régression linéaire ; le coefficient directeur donne l'énergie de dissociation et l'extrapolation de cette droite sur l'axe des ordonnées permet de remonter au facteur pré-exponentiel v.

Dans le cas du perfluoro-1-décène greffé sur du carbone amorphe, il a été possible de tracer cette droite après avoir calculé le taux de couverture. Avec les spectres du niveau de cœur F1s mesurés à une émission de 45°, les taux de couverture ont été calculés et voici la droite obtenue :

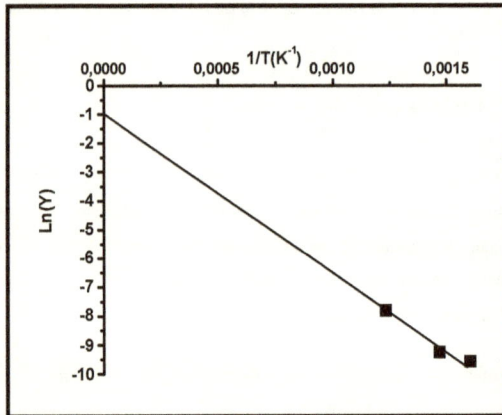

Figure VI.25 : Calcul de l'énergie de désorption des molécules de perfluoro-1-décène greffées sur a-C (PL).

L'énergie de désorption est alors de $0,47 \pm 0,1$ eV, et le facteur pré-exponentiel est de 0,4 s^{-1} (barre d'erreur entre 0.2 et 1 s^{-1}).

Le même calcul effectué en utilisant des taux de greffage à partir du signal C1s du CF_2 donne une énergie de désorption de 0,36 eV et un facteur pré-exponentiel $v = 0,04\,s^{-1}$.

Pour la désorption de chaînes d'alcanes ayant dix atomes de carbone physisorbées sur des surfaces de graphite, on trouve dans la littérature [6] : $E_d = 95,6\,kJ\,/\,mole = 0,99\,eV$ et $\upsilon = 10^{19}\,s^{-1}$. Il y a donc une très grande différence entre nos résultats expérimentaux et les expériences sur des molécules physisorbées rapportées dans la littérature. Ce résultat confirme que les chaînes de perfluoro-1-décène ne sont pas simplement physisorbées sur le carbone amorphe.

Pour des molécules chimisorbées, la mesure de l'énergie d'activation dans des conditions expérimentales propres (ultravide) n'est pas facilement accessible dans la littérature. Nous nous sommes donc intéressés à la désorption de l'hydrogène chimisorbé. Le silicium amorphe hydrogéné (a-Si:H) est un semi-conducteur amorphe qui peut être dopé pour réaliser des dispositifs électroniques. Le chauffage sous vide permet de casser des liaisons chimiques (covalentes) Si-H de surface ou de volume et de former des molécules H_2 [15].

Une étude réalisée sur silicium amorphe, pour différents types et niveaux de dopage, montre que l'énergie de désorption de l'hydrogène et le facteur pré-exponentiel associé peuvent varier de façon très importante suivant le dopage du matériau. Ainsi ils obtiennent une énergie de désorption qui peut varier de 0,3 eV à 2,4 eV et le facteur pré-exponentiel peut aller de 10 à $10^{15}\,s^{-1}$. Nos résultats avec les chaînes perfluoro-1-décène sur carbone amorphe se rapprochent des valeurs obtenues pour les couches a-Si:H très dopées [15].

VI.3.A.vi Etudes XPS quantitatives du greffage du perfluoro-1-décène

La méthode de calcul utilisée dans cette partie est la même que celle utilisée pour le Si (111), en se basant sur le signal de la composante CF_3 du spectre du niveau de cœur C1s d'une part et sur le signal de la composante $-(CF_2\text{-}CF_2)-$ d'autre part. Les résultats obtenus en fonction de la température de recuit (UHV) et de la température de greffage sont respectivement résumés dans la (**Figure VI.26**) et (**Figure VI.27**).

Notons que les calculs effectués à partir des signaux CF_3 et $(CF_2\text{-}CF_2)$ donnent des valeurs quasi-identiques, ce qui indique la présence de la molécule entière. En effet, on calcule le pourcentage des pics CF_3 et CF_2 après chaque recuit, avec un angle d'incidence de 45° pour limiter les incertitudes (l'intensité des pics est plus importante à 45°). On trouve ainsi les valeurs dressées dans le (**Tableau VI.3**). On remarque la baisse des pourcentages après chaque recuit ce qui est en cohérence avec les résultats obtenu sur le fluor F1s.

T (° C)	CF_3 (%)	CF_2(%)
Après greffage	0,7	4,2
230	0,6	3,7
350	0,5	2,8
407	0,4	1,9
538	0,3	1,1

Tableau VI.3 : Evolution des pics C 1s des carbones fluorés en fonction du recuit.

Il est possible de s'intéresser au rapport des signaux CF_3 sur CF_2 pour chaque recuit, ce qui peut apporter des informations sur la façon dont les molécules se désorbent.

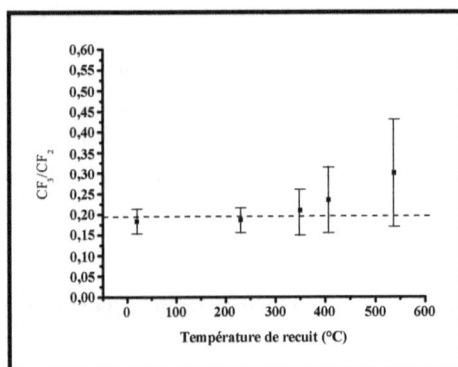

Figure VI.26 : Rapport CF_3/CF_2 quasiment constant en fonction de la température de recuit.

La figure ci-dessus montre que le rapport (CF_3 / CF_2) reste à peu près constant (en tenant compte des grandes incertitudes sur les derniers recuits qui sont amplifiées du fait du signal très faible des carbones fluorés).

En tenant compte de l'atténuation du signal CF_2 par la molécule, la valeur attendue du rapport (CF_3 / CF_2) pour la molécule greffée est de 0.19. Ainsi l'exploitation de ce graphique nous apprend que les molécules qui restent à la surface n'ont apparemment pas subi d'altérations. En s'intéressant au rapport (F1s / CF$_2$) on arrive à la même conclusion. Ce rapport est quasiment constant et il est proche de 4.5. Cette valeur ne peut être comparée à une valeur attendue à cause des variations de réponse de l'analyseur en fonction de l'énergie cinétique.

Cette étude de la stabilité thermique nous permet de conforter notre méthode de calcul. Le taux de couverture étant ainsi obtenu avec une bonne fiabilité, nous pouvons maintenant résumer la dépendance du taux de couverture en fonction de la température de greffage et comparer la réactivité des couches **a-C (SP)** et **a-C (PL)** à l'aide des résultats présentés dans la **Figure IV.27.**

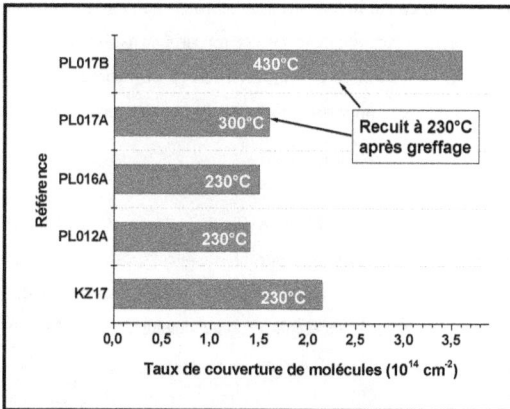

Figure VI.27 : Densité de molécules greffées sur les surfaces a-C (SP) notées KZ et a-C (PL) notées PL, à 230°C, 300°C et 430°C pendant une heure.

D'après ce diagramme de résultats, on peut déduire les points suivants :

1)   A 230°C, les échantillons **a-C (PL)** (notés PL sur le graphe) présentent un taux de couverture qui ne dépasse pas 1.5×10^{14} cm^{-2}, tandis que les couches **a-C (SP)** (notées KZ sur le graphe) ont un taux de couverture de 2.2×10^{14} cm^{-2}, proche de la valeur maximale trouvée sur Si de type n qui est de 2.6×10^{14} cm^{-2}. Ceci montre que les surfaces

de carbone amorphe déposées par pulvérisation sont plus réactives que celles déposées par ablation laser.

2) L'augmentation de la température du greffage aux environs de 300°C n'a aucun effet sur le taux de couverture obtenu sur les échantillons de carbone amorphe déposés par ablation laser.

3) Sur une couche a-C (PL), une valeur très élevée de 3.6×10^{14} cm^{-2} est trouvée quand on travaille à 430°C. Ce taux de couverture est largement supérieur aux valeurs maximales trouvées sur Si (entre 230°C et 300°C) pendant notre travail ou dans la littérature avec ce type de molécules d'alcènes fluorés. Notons que le rapport (CF_3/CF_2) obtenu par le greffage à 430°C est de 0.19 indiquant que la molécule perfluoro-1-décène n'a pas subi d'altérations.

A cette température, une partie des molécules greffées sont éliminées pendant le greffage (environ 60%) ce qui indique que la reconstruction de la surface qui en résulte contribue à augmenter la réactivité de la surface du carbone **a-C (PL).**

4) Malgré la forte oxydation de l'échantillon KZ (9%), déposé par pulvérisation, le taux de couverture est assez important (proche du maximum trouvé sur Si).

VI.4 Conclusions

Les mesures XPS ont démontré l'efficacité des deux étapes de greffage thermique en phase liquide sur les échantillons de carbone amorphe. La décomposition du spectre du niveau de cœur C1s a montré la présence de la fonction ester et de la fonction C-O, deux fonctions qui se trouvent dans la chaine de la molécule d'undécylénate d'éthyle (étape 1). De plus l'apparition du signal N1s après le greffage de la fonction pyridine, ou l'apparition des signaux Fe 2p et Fe 3p après le greffage de la fonction ferrocène, indiquent la réussite de la seconde étape de greffage.

La valeur maximum de l'épaisseur de la couche moléculaire déterminée par réflectométrie des rayons X, confirme le greffage d'une monocouche à la surface des couches minces de carbone amorphe.

Pour les surfaces **a-C (SP)** déposées par pulvérisation, le lien entre la présence d'oxygène et la faible densité de greffage a été démontré. Un traitement par plasma d'argon et/ou un traitement thermique permet une élimination partielle de l'oxyde natif (de 5-6 O at.

% à environ 1 O at. %). Au contraire, les surfaces **a-C (PL)** n'ont jamais eu besoin d'un traitement préalable au greffage, malgré un pourcentage d'oxygène qui varie de 3 à 5 %.

L'augmentation linéaire de l'intensité XPS du pic O=C-O en fonction de 1/ cosθ montre que la fonction ester se trouve bien en surface de l'échantillon aussi bien pour **a-C (PL)** que Si (111). Ce résultat n'a pas pu être confirmé sur les couches **a-C (SP)** déposées par pulvérisation, ce qui indique un défaut du greffage thermique en phase liquide sur ce matériau.

Les analyses quantitatives des mesures XPS ont montré que la densité des molécules d'undécylénate d'éthyle sur les surfaces **a-C (PL)** est plus élevée que le maximum de densité obtenu sur le Si (111).

Pour les surfaces **a-C (SP)**, le taux de couverture dépend fortement du pourcentage d'oxygène résiduel avant le greffage ce qui est une source possible de non-reproductibilité. De plus un problème important d'oxydation de la surface a été mis en évidence, réaction qui semble être en compétition avec le greffage de l'undécylénate d'éthyle en phase liquide.

Contrairement au Si (111) qui nécessite une hydrogénation (ou une halogénation) de la surface qui peut être longue est dangereuse, nous avons montré que les surfaces de carbone amorphe n'ont pas besoin d'être intentionnellement hydrogénées pour conduire à un greffage thermique en phase liquide. Ce résultat est positif pour l'amélioration de la reproductibilité du procédé de greffage sur carbone amorphe.

Finalement, la stabilité d'une couche **a-C (PL)** greffée par l'undécylénate d'éthyle après cinq mois à l'air ambiant qualifie ce type de système pour des applications dans le domaine des capteurs bio-chimiques.

Les études XPS ont montré l'efficacité du greffage thermique de la molécule de perfluoro-1-décène sur les surfaces des couches minces de carbone sans aucun traitement de désoxydation, même pour un échantillon a-C (SP) qui présentait 9% d'oxygène avant le greffage, alors que ce traitement est impératif pour le greffage thermique en phase liquide sur ces couches.

Aucune oxydation pendant le processus de greffage en phase vapeur n'a été observée sur les échantillons de carbone amorphe. Le comportement angulaire attendu pour des espèces en surface a bien été observé pour les monocouches de perfluoro-1-décène.

La résistance aux ultra-sons dans un bain d'acétone et la stabilité thermique de la molécule greffée permettent de conclure au caractère covalent de la liaison entre la molécule greffée et la surface du carbone amorphe.

Les densités de molécules de perfluoro-1-décène obtenues en phase gazeuse sur les différents échantillons de carbone amorphe ou de Si (111) sont comparables et varient de 2.4 à 3.5 10^{14} cm^{-2} suivant la température utilisée pendant le greffage. Entre 200°C et 300°C, la réactivité des surfaces vis-à-vis du perfluoro-1-décène est plus grande pour a-C (SP) que pour a-C (PL).

Dans ce travail, nous avons montré que le greffage activé thermiquement d'alcènes fonctionnels ou d'alcènes simples fluorés était possible sur des surfaces de carbone amorphe en l'absence de préparation préalable, telle qu'une hydrogénation intentionnelle. Il n'a pu être mis en évidence d'évolution de la teneur en carbone hybridé sp^2 ou sp^3 à la surface après greffage. Nous n'avons pu obtenir pour le moment de résultats de type HREELS ou spectroscopie IR mettant en évidence une présence accentuée de carbone hydrogéné à la surface. Les mécanismes à l'origine d'une telle réaction restent à dégager.

Références

[1] J.C. Love, L.A. Estroff, J.K. Kriebel, R.G. Nuzzo, G.M. Whitesides, Chem. Rev. 105 (2005) 1103-1170.

[2] J. M. Buriak, Chem. Rev. 102 (2002) 1271-1308.

[3] D.D.M. Wayner, R. A. Wolkow, J. Chem. Soc., Perkin Trans. 2 (2002) 23-34.

[4] A. Härtl, E. Schmich, J.A. Garrido, J. Hernando, S.C.R. Catharino, S. Walter, P. Feulner, A. Kromka, D. Steinmüller, M. Stutzmann, Nature Materials 3 (2004) 736.

[5] S. Szunerits, R. Boukherroub, J. Solid State Electrochem. 12 (2008) 1205-1208.

[6] Y. Selzer, A. Salomon, D. Cahen, J. Phys. Chem. B 106 (2002) 10432-10439.

[7] T. L. Lasseter, B. H. Clare, N. L. Abbott, R. J. Hamers, J. Am. Chem. Soc. 126 (2004) 10220-10221.

[8] Y.C. Liu, R. L. McCreery, J. Am. Chem. Soc. 117 (1995) 11254-11259.

[9] P. Allongue, M. Delamar, B. Desbat, O. Fagebaume, R. Hitmi, J. Pinson, J.M. Saveant, J. Am. Chem. Soc. 119 (1997) 201-207.

[10] S. Ranganathan, I. Steidel, F. Anariba, R.L. McCreery, Nano Lett. 1 (2001) 491-494.

[11] P.A. Brooksby, A.J. Downard, Langmuir 20 (2004) 5038-5045.

[12] B. Sun, P.E. Colavita, H. Kim, M. Lockett, M.S. Marcus, L.M. Smith, R.J. Hamers, Langmuir 22 (2006) 9598-9605.

[13] P.E. Colavita, B. Sun, K.Y. Tse, R.J. Hammers, J. Am. Chem. Soc. 129 (2007) 13554-13565.

[14] S. Ababou-Girard, H. Sabbah, B. Fabre, K. Zellama, F. Solal, C. Godet, J. Phys. Chem. C 111 (2007) 3099-3108.

[15] Yu. L. Khait, R. Weil, R. Beserman, W. Beyer, H. Wagner, Phys. Rev. B. 42 (1990) 9000.

Chapitre VII: <u>Conclusion</u>

Ce travail de thèse sur la fonctionnalisation de la surface de couches minces de carbone amorphe a été axé sur deux grands objectifs :

- développer les compétences nécessaires à la synthèse et à l'étude de systèmes hybrides semi-conducteurs / molécules organiques fonctionnelles, du point de vue de leurs propriétés électroniques et de leurs propriétés de transport

- montrer la potentialité de couches minces de carbone amorphe dans la réalisation de surfaces fonctionnalisées

Dans cette perspective, nous avons orienté nos investigations vers la mise au point d'un procédé de greffage covalent d'alcènes simples ou fonctionnels et mené, de manière parallèle, des travaux sur silicium et sur couches minces de carbone amorphe. Les travaux sur silicium n'ont pas été réalisés dans le but d'apporter des résultats originaux, mais visaient davantage à valider notre méthodologie et à atteindre l'état de l'art sur des systèmes modèles.

Les compétences qui ont été développées concernent les moyens de caractérisation et d'élaboration:

- le développement d'un dispositif, couplé avec une enceinte d'analyse XPS *in situ* (et tout récemment UPS) permettant le greffage thermique en phase vapeur ainsi que la désorption de molécules physisorbées, dans des conditions ultravide.

- la mise au point d'une expérience de transport I-V utilisant une électrode à goutte de mercure.

- la maîtrise de la préparation de surfaces Si(111):H de bonne qualité, en phase liquide.

- l'installation d'une collaboration permettant l'élaboration de couches minces de carbone amorphe par ablation laser pulsée d'une cible de carbone vitreux.

- l'installation d'une collaboration active pour l'utilisation de la réflectométrie X et l'analyse des données obtenues sur des couches moléculaires d'épaisseur nanométrique.

Les résultats originaux obtenus sont les suivants :

- Les surfaces des couches minces de carbone amorphe peuvent être fonctionnalisées par des alcènes linéaires en utilisant une voie thermique, soit en phase liquide soit en phase vapeur, sans hydrogénation préalable.

- Ce résultat est valable pour les couches de carbone obtenues par ablation laser ou par pulvérisation. Cependant, pour être greffées en phase liquide, les couches obtenues par pulvérisation nécessitent une préparation préalable consistant à éliminer partiellement l'oxygène résiduel. Dans ces conditions, nous n'avons pas observé d'effet notable sur le greffage lié à la présence d'hydrogène au sein des couches déposées par pulvérisation avec des mélanges argon-hydrogène.

- Une température de seuil, dépendant de la nature de la molécule, a été mise en évidence. De ce point de vue, le procédé en phase vapeur est plus versatile car le procédé en phase liquide se prête mal à des températures élevées.

- Au dessus de la température de seuil, la cinétique de greffage est plus rapide sur les couches de carbone déposées par pulvérisation (riches en atomes de C hybridés sp^2). Les couches de carbone déposées par ablation laser (riches en atomes de C hybridés sp^3) sont stables au-dessus de 400°C sous ultravide et elles sont plus inertes lors de l'exposition à l'ambiante, ce qui présente un avantage pour la reproductibilité du greffage. Cependant, ce dernier procédé de dépôt étant très directionnel, il ne permet pas la réalisation de couches très homogènes sur de grandes surfaces.

- Nous avons établi que les surfaces fonctionnalisées obtenues consistent bien en des monocouches, comportant une forte densité de molécules (bien que nous n'ayons pas complètement optimisé cette densité pour certaines molécules). Sur les couches de carbone déposées par ablation laser, cet assemblage est robuste thermiquement sous ultravide et à l'ambiante vis-à-vis de l'oxydation.

- Le greffage d'alcènes fluorés permet de réaliser des carbones hydrophobes. La présence d'une fonctionnalité ester permet de réaliser, après activation, une seconde étape de greffage à l'aide de molécules comportant une fonctionnalité amine.

Les résultats obtenus associés aux compétences développées permettent de tracer un aperçu des perspectives de cette thématique dans l'équipe. Il y a d'abord les aspects qui sont en continuation directe de cette étude :

- L'optimisation des densités de greffage en phase vapeur passe peut-être par l'utilisation de deux températures différentes, l'une pour l'activation thermique, l'autre pour la désorption finale. Cette approche a été réalisée partiellement mais pourrait être explorée de façon plus systématique.

- Nous n'avons pas pu mettre en évidence de variation de l'hybridation de la surface, avant et après greffage. Un travail systématique reste à faire pour lier la composition des couches en carbone hybridés sp^2 ou sp^3, à la réactivité du greffage d'alcènes. Ce degré de liberté peut être contrôlé lors de la croissance PLD et aussi modifié par recuit. Une expérience intéressante consisterait à comparer la réactivité d'une couche de carbone déposée par ablation laser (riche en C hybridé sp^3) et de la même couche recuite à 600°C (riche en C hybridé sp^2).

- Il y aurait certainement une attention à apporter à la détermination des mécanismes mis en œuvre dans le greffage d'alcènes en l'absence d'hydrogénation intentionnelle des surfaces de carbone. Une des possibilités serait, en particulier dans le cas des couches obtenues par pulvérisation, l'enrichissement de la surface par de l'hydrogène résiduel. L'Institut de Physique de Rennes disposera bientôt d'un dispositif de type PM-IRRAS qui pourrait aider à répondre à cette question.

En élargissant notre objet d'études, d'autres pistes sont ouvertes par ce travail :

- La très faible rugosité des couches de carbone amorphe optimisées est un avantage par rapport au diamant microcristallin. Le greffage d'autres semi-conducteurs amorphes pourrait être réalisé, notamment le silicium amorphe hydrogéné qui peut être dopé (p ou n) et qui possède de bonnes propriétés de transport électronique.

- La présence d'une fonctionnalité ester permet de réaliser, après activation, une seconde étape de greffage à l'aide de molécules comportant une fonctionnalité amine. Ce résultat ouvre la possibilité de réaliser l'accrochage sur une surface biocompatible d'objets nanométriques (cluster redox, nano-cristal, protéine …) auxquels on aura pu attacher cette fonctionnalité amine. C'est notamment l'objet d'un projet ANR (réalisé en partenariat avec l'Unité Sciences Chimiques de Rennes) visant à immobiliser sur une surface semi-conductrice (par des ponts covalents) des clusters métalliques possédant des propriétés redox intéressantes qui s'accompagnent de la possibilité de modifier leurs propriétés optiques, magnétiques ou de luminescence.

Annexe I: <u>Principe de la microscopie électronique à balayage</u>

La microscopie électronique à balayage (MEB), en anglais "Scanning Electron Microscopy" (SEM), permet d'observer et de caractériser la surface de matériaux et de dispositifs électroniques par balayage d'un faisceau d'électrons.

La **Figure** présente un schéma général du microscope électronique à balayage qui comporte deux parties distinctes : la colonne à gauche du schéma et l'écran cathodique à droite. Cette colonne comporte le canon à électrons qui fournit une densité de courant électrique importante, stable dans le temps et avec la sonde la plus petite possible. Sous l'effet d'une tension d'accélération, les électrons se propagent à travers la colonne (maintenue sous un vide de ~ 10^{-5} mbar) pour atteindre l'échantillon qui est situé dans une chambre comprenant les détecteurs.

Grâce à un dispositif de pilotage x-y des tensions des bobines, le faisceau électronique balaie la surface de l'échantillon. Pour des énergies de 1 à 10 kV, il pénètre sur une profondeur de l'ordre du micron.

Les électrons primaires interagissent avec l'échantillon qui devient la source de plusieurs émissions radiatives (rayons X ou photons dans l'UV-visible) et corpusculaires. Les émissions électroniques sont réparties en deux catégories, l'une relative à des électrons de très faible énergie (typiquement 5 à 10 eV), que l'on appelle « secondaires », l'autre d'énergie élevée, proche de celle des électrons primaires et que l'on qualifie de « rétrodiffusés ».

L'émission des électrons secondaires est détectée par un capteur (détecteur **EverHart-Thormely** [¹]) qui contrôle la brillance de l'écran de visualisation dont le balayage est synchronisé avec celui du faisceau d'électrons.

L'image de l'échantillon à analyser formée sur l'écran est récupérée sur un ordinateur après numérisation du signal. Depuis la fin des années 80, la formation d'image sur l'écran d'observation n'est plus synchronisée automatiquement avec le balayage sur l'échantillon (mode « analogique ») mais après numérisation du signal, celui-ci est transféré dans une mémoire sous la forme d'un fichier informatique et visualisé sur un écran vidéoscopique (mode « numérique »).

Les mesures ont été réalisées par Monsieur *Joseph Le Lannic* au C.M.E.B.A. (Centre de Microscopie Électronique à Balayage et micro-Analyse) qui est un service commun de l'Université de Rennes 1.

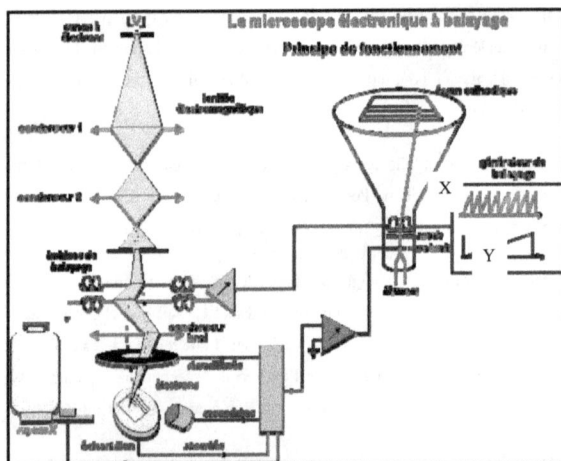

Figure : Principe de fonctionnement du microscope électronique à balayage (MEB)

Le microscope utilisé pendant ce travail est un MEB à effet de champ avec cathode froide « **JEOL JSM 6301F** ». Ce microscope comprend également un système de lentilles électromagnétiques, des détecteurs, une bobine de balayage, une platine porte objet et un système de pompage. Il est destiné à l'observation des échantillons secs, massifs, conducteurs (ou rendus conducteurs par le dépôt d'une couche mince de graphite ou d'or) ou faiblement isolants avec une excellente résolution spatiale sur une large gamme de potentiels d'accélération. Ce microscope permet d'atteindre une résolution latérale de 1 nm à 15 kV et de 5nm à 1 kV, autorisant un grandissement qui peut dépasser 500 000. On notera que, dans nos mesures, la surface des couches minces est observée par le détecteur sous une incidence de 45°.

---

[i] JEOL : A guide to scanning microscope observation, www.jeol.com/sem/docs/index.html, (1999).

Annexe II: <u>Microscope à Force Atomique AFM</u>

La topographie des couches minces déposées a été étudiée avec un microscope à force atomique D3100 Veeco, équipé d'un contrôleur Nanoscope V (LARMAUR, Université de Rennes 1).

Les images ont été réalisées en mode tapping : le levier portant la pointe vibre à sa propre fréquence de résonnance. Une interaction avec la surface de l'échantillon provoque une décroissance de l'amplitude de ces oscillations, lesquelles peuvent être exploitées pour obtenir une image topographique. Ce mode permet de limiter l'usure des pointes et de la surface de l'échantillon, et ainsi d'utiliser des pointes très fines (de l'ordre d'une dizaine de nm) définissant la résolution latérale, mais la résolution verticale peut être de l'ordre de l'angström.

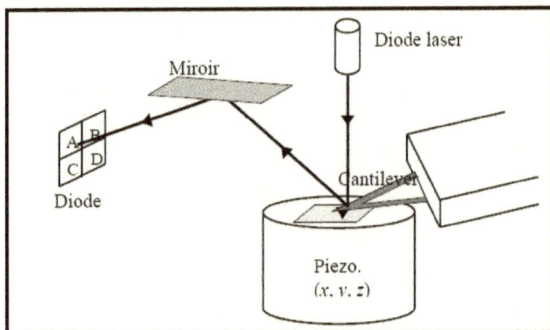

Figure 1: Schéma du principe du détecteur

Le capteur de force est le cantilever, ses déflections sont mesurées par le déplacement d'un faisceau laser qui est réfléchi sur l'extrémité du cantilever puis reçu par une photodiode à 4 quadrant (**Figure 1**). Le déplacement du spot laser sur cette photodiode, par rapport à une position initiale, traduit ainsi les variations de position du cantilever.

214

Annexe III: <u>Hydrogénation du Si (111)</u>

1. <u>Matériel :</u>

❖ 5 flacons en téflon. Le polytétrafluoréthylène (PTFE) présente une remarquable résistance à la plupart des produits chimiques, et reste stable à une température relativement élevée (327 °C), d'où son utilisation pendant ce processus.

❖ Verrerie

❖ Pinces en téflon

❖ Solvants : Dichlorométhane, toluène … (HPLC Grade)

❖ H_2O_2, NH_4F, H_2SO_4, HF : SC ou VLSI Grade (Riedel-de-Haën)

❖ Solution piranha : 7 ml de H_2O_2 (30%) + 21ml de H_2SO_4 (96%)

❖ 7L d'eau ultra-pure (18 MΩ cm)

❖ Plaque chauffante avec bloc aluminium creusé au diamètre des flacons de téflon

2. <u>Nettoyages préliminaires</u>

❖ *Décontamination des flacons et de la pince en téflon* :

- Chauffer et maintenir la plaque à 100°C
- poser sur la plaque les flacons remplis de [7 ml de H_2O_2 (30%) + 21 ml de H_2SO_4 (96%)] et les chauffer pendant 30 minutes (poser les bouchons sans les visser / chaque éprouvette ne sert qu'à un seul liquide, et jamais à un solvant organique).
- rincer les flacons (et les bouchons) avec de l'eau ultra-pure (au moins 10 fois) : dans l'évier avec forte dilution par de l'eau du robinet.

❖ *Nettoyage verrerie*

- Rinçages dans l'acétone et l'alcool, 3 fois chacun.
- Rinçage à l'eau, puis nettoyage dans un produit pour la vaisselle dilué dans de l'eau, 3 fois chacun.
- Trempage dans TFD4 toute une nuit.
- Rinçage à l'eau ultra-pure et mise à l'étuve à 90° (12h minimum).

Le procédé expérimental comprend les 4 étapes suivantes qui sont détaillées:

1. Dégraissage du Si dans des solvants et rinçage (flacons en verre)
2. Passage du Si en solution Piranha (téflon)
3. Passage du Si en solution NH_4F (téflon)
4. Rinçage du Si dans l'eau ultra-pure (flacon en verre).

❖ *Passer l'échantillon de Si aux ultrasons* : la durée de chacun des 3 bains est de 10 minutes (acétone ou propanol, éthanol ou méthanol, eau ultra-pure).

❖ Prendre deux flacons décontaminés. Rincer le premier avec une solution NH_4F, puis le remplir avec une solution NH_4F (40%). Remplir le deuxième d'eau pure et dégazer les deux bains pendant 40 minutes en faisant buller de l'argon ou de l'azote.

❖ Pendant ce temps, l'échantillon de Si est nettoyé et oxydé chimiquement en le plongeant dans un flacon contenant une solution Piranha à 100°C pendant 30 minutes.

❖ Ensuite, avec la pince en Téflon décontaminée, plonger l'échantillon de Si dans la solution soigneusement dégazée de NH_4F pendant 20 minutes, puis (avec la pince en Téflon) rincer à l'eau ultra-pure (sortir l'arrivée de gaz du flacon en téflon) et sécher à l'azote sec.

Annexe IV: <u>Etudes UPS du Si (111) greffé alcènes</u>

Les mesures UPS ont été réalisées par l'équipe du Professeur Antoine Kahn à l'Université de Princeton. Les surfaces de Si (111) greffées alcènes sont préparées à Rennes (voir V.4) et envoyées dans des tubes de verre scellés, sous atmosphère contrôlé d'argon.

Photoemission and inverse photoemission spectroscopies studies of Dececene and Tetradecene grafted on n- and p-type Si:H

Eric Salomon, Wei Zhao and Antoine Kahn

Department of Electrical Engineering, Princeton University, Princeton, NJ 08544

Experimental information

Measurements were performed under ultrahigh vacuum conditions (7×10^{-11} Torr). Samples were manipulated and mounted onto the sample holder under N_2 atmosphere and exposed to air for a couple of minutes only.

We performed ultraviolet photoemission spectroscopy (UPS) to measure the work function (WF) and density of occupied states (DOS) of the films. We used both He I and He II emission lines of a helium discharge lamp (respectively hv=21.22 eV and 40.81 eV). During UPS, the samples were biased at -5 V in order to measure the onset of each spectrum and determine the position of the vacuum level. Data were recorded using a low photon flux in order to prevent any damage of the surface. The overall resolution, as defined by the width of Fermi step, is about 0.15 eV.

X-ray photoemission spectroscopy (XPS) was used to look at the Si 2p, C1s and O1s core levels. Spectra were taken using the Al Kα emission line (hv = 1486.6 eV) with an overall resolution of 0.8 eV.

Inverse photoemission (IPES) was performed in order to measure the density of unoccupied states (DOUS) close to the Fermi level. The experiment was done in the isochromat mode using a commercial electron gun and a fixed photon energy detector. The overall resolution, as defined by the width of Fermi step, is about 0.45 eV.

Results

1. UPS and IPES

Figure 1a shows He I spectra of Decene (C10) grafted on both n- and p-type Si:H. On the graph, the x-axis represents the binding energy (BE) with respect to the Fermi Level

(Ef). The onsets of both samples appear at the same energy within 0.1 eV. The WFs of n- and p-type samples, measured from the cut-off of the secondary emission peak, are estimated to be 4.15 ± 0.05 eV and 4.23 ± 0.05 eV, respectively. Figure 1b shows He I spectra of Tetradecene (C14) grafted on both n- and p-type Si:H. The onsets of both samples are similar and the WF is estimated to be 4.17 ± 0.05 eV.

Figure 2 shows He II spectra of C10 (Figure 2a) and C14 (Figure 2b) grafted on both n- and p-type Si:H. On Figure 2b, we added the spectrum recorded by IPES on C14 grafted on p-type Si:H. Each figure includes a spectrum of a corresponding chain grafted at the Weizmann Institute. Also, Figure 2b includes the UPS and IPES spectra previously taken on Si-H.

The observed DOS and DOUS measured on the Rennes samples are similar to those measured on the Weizmann samples, previously published by Segev et al. for alkyl chains deposited on Si(111) [PRB **2006**, 74, 165323] and elsewhere. However, at proximity of the Fermi level (from -5 to + 5 eV w.r.t. Ef), both the UPS and IPES data clearly exhibit two structures labeled A and B. Note that the C14 Weizmann data do <u>not</u> have a significant feature A. Experiments coupled with DFT calculations have shown that the gap of these alkyl chains is of the order of 8 eV [PRB **2006**, 74, 165323]. Therefore we can rule out the hypothesis that A and B correspond to the HOMO and LUMO of the molecular film. Furthermore, with the precautions taken during the UPS and IPES experiments, we can assert that A and B cannot be attributed to any damages of the alkyl chains (see Amy et al., J. Phys. Chem. B **2006,** 110, 21826-21832). We believed therefore that those features are due to the Si substrate, which presents a strong density of states in this region (cf. blue curves), and/or the Si states extending onto the chains. This is consistent with the fact that the magnitude of A and B decreases with chain length. This behavior is clearly illustrated by the UPS data corresponding to the alkyl chains made at the Weizmann Institute (green curves). In the case of the C14 chain, however, this density of states should be pretty much attenuated and the spectrum flat up to a BE of -4 eV. The observation of these two features together with the comparison with the data carried out on the Weizmann samples, lead us to think that the density of the monolayer, at least on the C14 sample, is lower than expected.

The band bending difference between the n- and p-type samples, as measured from the position of the valley at a BE of -12 eV, is of 0.1 eV

2. XPS

Figure 3a, 3b and 3c show respectively the Si2p, C1s and O1s core levels (CLs).

- The Si2p CLs of the C10 samples present one main peak located around -99.7 eV and -99.8 eV respectively for the p- and n- type samples. The 0.1 eV difference between the two peaks corresponds to the band bending difference measured previously by UPS. In the case of the C14, the Si2p CL of the n-type sample presents only one main peak at -99.7 eV. With the p-type sample, the main peak appears at -99.8 eV and another feature, corresponding to silicon oxide, emerges around -102.8 eV. Surprisingly, as compared to the n-type, the Si2p CL measured for the p-type sample appears at higher BE. This behavior is related to the presence of oxygen which shifts the CLs of the p-type Si towards higher BE.

  The maximum of the Si2p peak is approximately at 99.7 ± 0.1 eV on both n- and p-Si. Taking an energy difference of ~98.9 ± 0.1 eV eV between the core level and the Si VB top (measured on H:Si(111)), we can estimate the latter to be about 0.8 eV below Fermi level (pinned at the same position on n- and p-Si). This is a relatively rough estimation, ± 0.2-0.3 eV.

- The presence of oxygen on the surface is confirmed by XPS. The data clearly demonstrate that in the p-Si/C14 case, the amount of oxygen is much bigger than in the other cases. Preparation problem? n- vs. p- ?

- All the C1s CLs present one component. The band bending difference measured for the C10 and C14 samples is 0.1 eV. This value is consistent with the value mentioned before. The thicknesses of the alkyl chains estimated from the XPS data is of 10 ± 2 Å for the C10 and 13 ± 2 Å for the C14 (thickness estimated using the methodology described by Nesher et al. in J. Phys. Chem. B **2006**, 110, 14363: $d_{org} = \lambda_{org} \cdot \sin\theta \cdot \ln\left(\frac{[C]}{[Si]+[O]}+1\right)$). These values are smaller than the expected ones, e.g. ~18 Å for the C14 one. This seems to support the notion that the density of the monolayer is lower than expected.

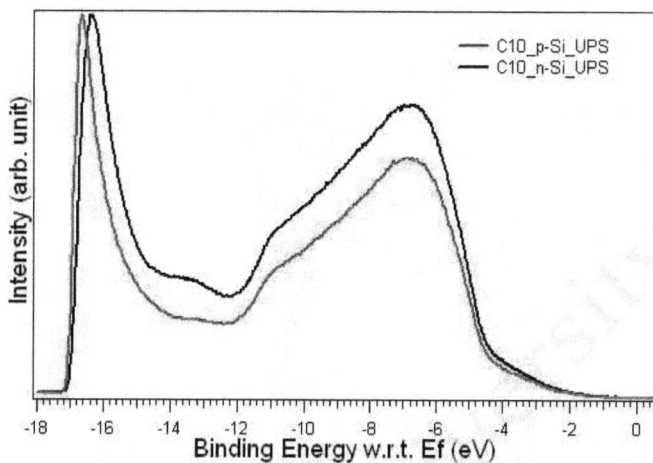

Figure 1a

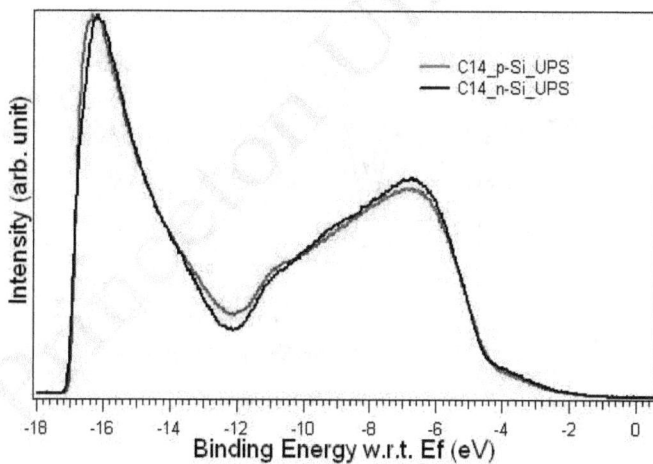

Figure 1b

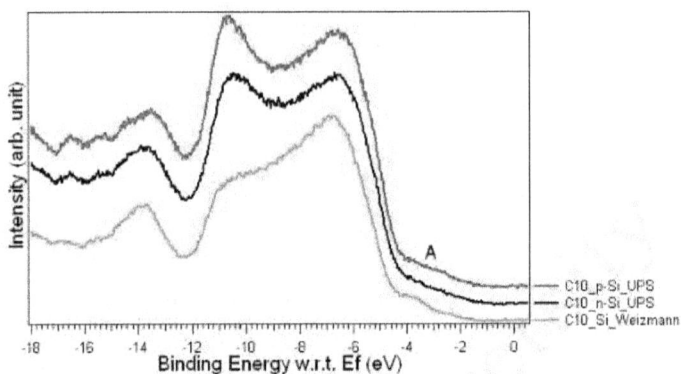

Figure 2a

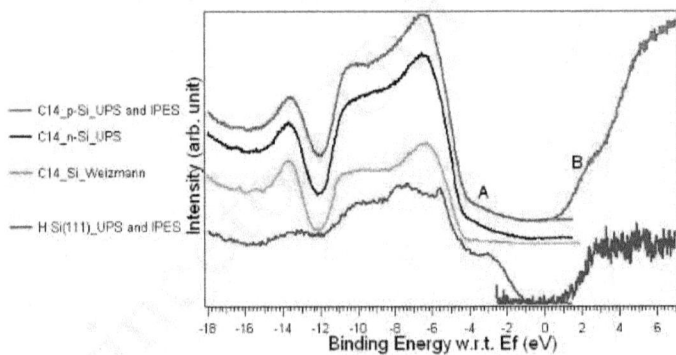

Figure 2b

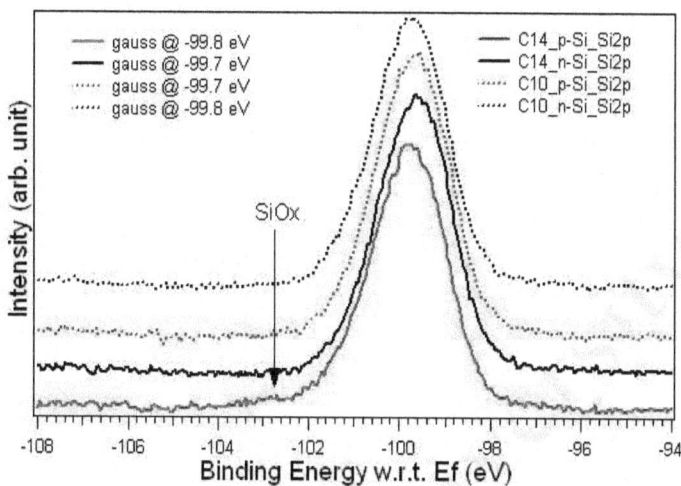

Figure 3a

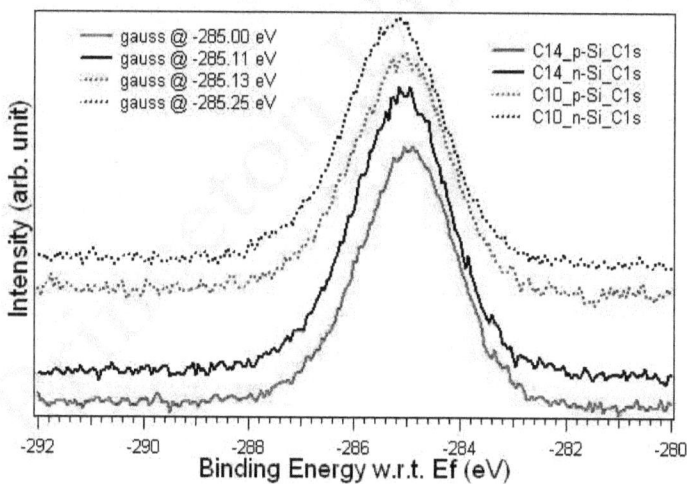

Figure 3b

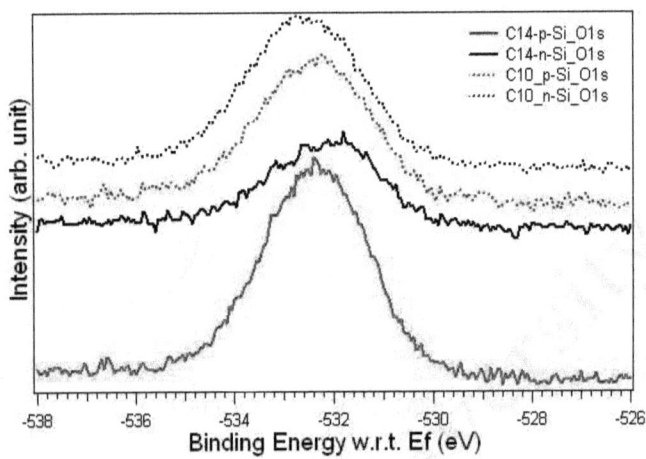

Figure 3c

Résumé de la thèse

Ce travail porte sur la fonctionnalisation de la surface de couches minces de carbone amorphe à l'aide de molécules d'alcènes linéaires. Il vise à explorer la possibilité d'intégrer des objets moléculaires et certains semi-conducteurs usuels en micro-électronique, au sein de dispositifs robustes et stables, soit à l'air soit en milieu aqueux. Ce type d'interfaces trouve son domaine d'application dans les capteurs chimiques ou biologiques, et les mémoires moléculaires.

Le choix de substrats carbonés repose sur les propriétés de bio-compatibilité des couches minces de carbone et sur la robustesse attendue des liaisons carbone-carbone (covalentes et non polaires) formées à l'interface molécule / substrat semi-conducteur. L'originalité de ce travail réside dans le choix du type de substrat et la complémentarité des procédés de greffage (assisté thermiquement) que nous avons mis en œuvre : greffage en phase liquide (fonctionnalité ester, pyridine ou ferrocène) et greffage en phase vapeur (perfluoro-1-décène).

Nous avons choisi de comparer différentes couches de carbone élaborées par pulvérisation d'une cible de graphite et par ablation laser d'une cible de carbone vitreux, présentant des densités volumiques et des hybridations sp^2 / sp^3 variables. La surface du carbone amorphe, obtenu par pulvérisation ou par ablation laser, est riche en atomes de carbone hybridés, respectivement, sp^2 et sp^3. La faible rugosité (inférieure à 0.5 nm) des couches optimisées permet une étude quantitative du taux de couverture moléculaire par spectroscopie de photoélectrons (XPS).

Le principal apport expérimental de cette thèse est la réalisation d'un système d'évaporation de molécules pour le greffage thermique dans un bâti ultravide permettant le greffage thermique et la désorption des molécules physisorbées dans des conditions de propreté optimales, ainsi que la caractérisation par XPS *in situ* des surfaces avant et après greffage.

Nous avons montré que le greffage en phase vapeur peut-être réalisé à 230°C sans hydrogénation et sans préparation préalable de la surface du carbone amorphe. Au-dessus d'une température de seuil (qui dépend de la nature de l'alcène) la cinétique de greffage est plus rapide sur les surfaces riches en C hybridé sp^2 mais celles-ci sont également plus sensibles à l'oxydation à l'ambiante. Le taux de couverture à saturation est comparable à celui obtenu sur la surface du Si(111):H ; il est limité par l'encombrement stérique au sein de la monocouche. La réflectivité de rayons X et les mesures XPS montrent l'assemblage d'une monocouche moléculaire, dont la robustesse a été établie par des recuits thermiques sous ultravide.

Pour l'utilisation pertinente d'interfaces molécules organiques / couches minces à des fins de diagnostic électrique de l'accrochage moléculaire, la nature de la liaison et la qualité des interfaces sont de première importance. Des caractérisations UPS et des mesures de transport électrique (dispositif à goutte de mercure) sur des interfaces modèles Si(111) – alcane (C10 ou C14) ont permis de qualifier la qualité du greffage obtenu en phase vapeur sous ultravide.

MOTS-CLES

Carbone amorphe

Surface

Fonctionnalisation

Greffage

Monocouche moléculaire

XPS

www.ingramcontent.com/pod-product-compliance
Lightning Source LLC
Chambersburg PA
CBHW021038210326
41598CB00016B/1067